NFC 设备设计宝典：
天线篇

［法］多米尼克·帕雷特（Dominique Paret） 著

邹俊伟 等译

机械工业出版社

天线是近场通信（NFC）设备中的关键部件。本书从理论和实践的角度，对 NFC 设备不同种类天线的设计技术从标准层面到实际匹配层面都进行了详细讲解，并给出了大量实用数据，对于 NFC 设备的研发设计与调试有较强的指导意义。

本书适合从事 NFC 设备的设计、研发和制造的专业人士阅读，也可作为高校电子工程专业师生的参考书。

图书在版编目（CIP）数据

NFC 设备设计宝典. 天线篇/（法）多米尼克·帕雷特（Dominique Paret）著；邹俊伟等译. —北京：机械工业出版社，2018.4

书名原文：Antenna Designs For NFC Devices

ISBN 978-7-111-58946-4

Ⅰ. ①N… Ⅱ. ①多… ②邹… Ⅲ. ①超短波传播 – 天线 – 设计 Ⅳ. ①TN014

中国版本图书馆 CIP 数据核字（2018）第 006818 号

机械工业出版社（北京市百万庄大街 22 号 邮政编码 100037）
策划编辑：吕 潇 责任编辑：吕 潇
责任校对：佟瑞鑫 封面设计：马精明
责任印制：张 博
三河市国英印务有限公司印刷
2018 年 4 月第 1 版第 1 次印刷
169mm×239mm·14 印张·267 千字
0001—2500 册
标准书号：ISBN 978-7-111-58946-4
定价：69.00元

凡购本书，如有缺页、倒页、脱页，由本社发行部调换
电话服务 网络服务
服务咨询热线：010-88361066 机 工 官 网：www.cmpbook.com
读者购书热线：010-68326294 机 工 官 博：weibo.com/cmp1952
010-88379203 金 书 网：www.golden-book.com
封面无防伪标均为盗版 教育服务网：www.cmpedu.com

译者序

NFC（Near Field Communication，近场通信），是一种近距离无线通信技术，与其他近距离通信技术相比，NFC 具有独特的安全优势和快速接入能力，填补了 WiFi、蓝牙等其他无线技术的使用场景空白。尽管 NFC 并非是一个新技术，但由于过去 NFC 应用使用场景比较少，因此大众对它的认知度并不高。

随着"Apple Pay""三星 Pay""华为 Pay""小米 Pay"等手机 NFC 支付方式的逐步普及，移动支付的飞速发展正带动 NFC 技术开始一个新的应用热潮。但当智能手机、智能手环等多种形状和材质的设备上附加 NFC 功能时，导致 NFC 设备和天线的工作电磁环境更为复杂，如何设计 NFC 设备和天线成为工程设计人员面临的难题，此外，在 NFC 设备的设计工作中，要遵循诸多的设计规范与约束，译者作为高校教师，同时作为较早接触 NFC 技术、开发 NFC 应用的科技研究人员，对系统介绍 NFC 设备和天线设计规范和原则方面中文资料的需求和匮乏有深刻的体会，因此，我们选择了两本系统介绍 NFC 概念、原理、技术约束及规定的原文书，进行翻译出版，希望为 NFC 工程设计人员提供较为准确、全面的 NFC 设备和天线设计知识。

原书的作者 Dominique Paret 在 NFC 领域工作近 20 年，写过很多关于这个主题的文章，在国内翻译出版的有《超高频射频识别原理与应用》等著作，在射频通信领域是理论与应用结合的专家。此次引进的这两本书是作者 2016 年的最新著作，对 NFC 特定应用的集成电路和天线（硬件）的具体功能进行详细、系统的描述，填补了对 NFC 物理层——空中接口的研究的空白。

书中除介绍 NFC 基本概念和 NFC 设备运行原理外，还收集、编译和整理了一个技术数据库，它由各种通用工业实例以及具体和详细的"NFC 设备设计以及相关知识"的实例组成，全书叙述由浅及深，由结构、实例入手，讲述设计 NFC 设备需要遵循的约束，适合工程技术人员、教师、学生等 NFC 领域的研究者阅读，可以作为 NFC 基本技术和应用培训教材，也可以作为有关 NFC 设备设计过程中的约束的专门手册。

《NFC 设备设计宝典：设计约束篇》讲述了设计 NFC 相关设备时需要遵循的标准、规则和约束。书中共分 4 部分，第 1 部分，囊括了很多关键的技术问题，对于了解当前 NFC 设备的应用问题，是非常重要的。该部分从讲述 NFC 运行原理开始，继而描述 NFC 元件结构，给出设计时适用的结构规范约束，主要是 NFC 射频级设计、天线设计及与之直接关联的连接问题；第2部分，将 NFC 应用进行分类，按照分类介绍其成果及相应的满足应用目标需要的设计约束；第3部分，阐述了设计 NFC 设备及其天线的框架和背景，描述与 NFC 规范和标准（ISO、NFC Forum、EMV 等）内容存在直接和间接相关的结构约束、各种应用的功能约束，以及对这些约束的处理方法；第4部分，介绍专门讨论 NFC 系统及其天线的测量和测试的约束，讨论各种 NFC 特定组件（天线，线圈等）的值和特性的测量的约束，以及符合标准的产品的主要约束的一致性测试。

《NFC 设备设计宝典：天线篇》讲述了 NFC 设备的天线设计的约束设计方法，书中按照 NFC 天线的组成结构及通信原理讲述各部分的约束规则。书中首先回顾 NFC 设备天线设计的约束条件（第1章），介绍 NFC 内部原理（第2章），然后重点介绍 NFC 天线的组成结构的约束规则，包括发起者天线（第3章）、接收者和标签的天线（第5章）、发起者-接收者天线对及其耦合（第7章）、发起者—接收者耦合和负载效应（第8章），中间适时给出应用实例，包括发起者天线的应用实例（第4章），发起者、接收者天线设计的详细示例（第6章），并在最后给出"如何进行一个 NFC 项目"一节，指导读者展开实际应用。

NFC 中文译著比较少，本书翻译过程中面临的一个困难是，有很多专业名词及缩略语是否翻译，如何进行中文翻译，译者进行了仔细斟酌，但仍难免有疏漏之处，如读者发现任何不理想之处，望能不吝赐教，我们将在再版时予以纠正。特别感谢范春晓、冯钒、刘亚辉、闫萌、朱翀、尹建、陈建文、安亚超、徐生、蔡宇等为本书翻译所做的工作。值得注意的是，为了更直观地将作者的思路与理念呈现到读者面前，本书中的物理量符号、公式等均与原著保持一致。

机械工业出版社对本书的出版予以高度重视，编辑们在出版过程中指出了很多问题，提出了很多宝贵建议，提高了本译著的质量。本书出版付印过程中参与服务的还有多位台前幕后的工作人员。对此予以特别感谢！

邹俊伟

原书前言

我从一开始（距现在超过 15 年多）就在 NFC 领域工作，过去写过很多关于这个主题的文章。目前，NFC 在操作原理基础方面的研究已经取得了长足的进步，也出现了各种精彩纷呈的 NFC 应用软件（特别是在智能手机上）。然而，关于 NFC 特定应用的集成电路和天线（硬件）的具体功能和秘诀的研究文献相对较少，对物理层——空中接口——的研究依然相对很少。我希望这本书能很好地填补这个空白。

我希望弥补这个不足之处不是出于情怀，而是因为它是一个日常的现实。往往软件错误一经解决（理论上，应用程序如果要正常工作，其关键在于物理部分——开放系统互连（OSI）模式中的较低层次——设计者和用户经常忽视了），他们会说"一切都会正常！"。不幸的是，由于适用于不同应用和物理环境的多种形状因子的天线，空中接口的通信给我们带来了需要认真考虑的问题和严酷的现实。如果不考虑这些，就什么也做不到。在我的职业生涯中，我经常说："如果主板不工作，无论软件怎么好，都没什么值得夸耀"，换句话说："不要本末倒置！"。

作为在这片神秘的"海域"驰骋多年，并且见证了 NFC 市场渐渐兴旺的众多公司的技术顾问，我将本书定位为面向工程师、技术人员、学生和这个领域源源不断的新来者，以帮助他们避免一些陷阱。目前，这些主题很少有现成的信息或基本技术的应用培训。因此，我现在向读者提供这本书，作为本领域入门的一个引导，以及提供有关 NFC 设备设计过程中的约束的专门知识。我已经收集、编译和整理了一个技术数据库，它由各种通用工业实例，由具体和详细的实例组成。这些实例大部分来自于我公司"dp-Consulting"。

本书不是关于市场营销的百科全书，也不是关于本书主题的泛泛而谈，而是对于技术细节和所有关于这些技术的功能和应用问题的深入检查和技术参考。读者在阅读本书的过程中将发现，NFC 的应用领域非常宽广，从无纸化数据交换到安全支付，这些应用由便携设备（比如手机和相机等等）控制，也可以应用在芯片卡、电视或汽车上。因此，我们需要考虑大量的"形状因子"、外部环境等问题，这些问题导致了一系列和天线相关的技术问题。

此外，为了不妨碍读者理解本书提到的设备，我已经做了最大努力让这本书尽可能清晰和有条理性，这样就可以立刻看到重点，以及相关的理论、技术、经济因素等方面的内容。

现在，我希望读者会发现这本书很有趣并且很有用。最重要的是，享受它，因为它是献给你们的（不是我），如果有任何疑问，欢迎读者随时通过电子邮件联系我，提出关于本书内容和形式的任何评论、问题（当然，这些评论应该是建设性的）。电子邮件地址是 dp-consulting@ orange. fr。

目 录

第2部分　NFC 设备天线的方案与设计

总　结

第1部分

背　景

如果把任何现有的系统搭建成一个近场通信（NFC）系统，理论上我们只需要一个集成电路，一些微型的无源器件（电阻、电感和电容）和一个天线。但这只是理论，事实上这个搭建工作要复杂得多，考虑到海量的NFC应用领域，我们要应对、重视和满足很多的约束，才能得到最终的可行并且可靠的解决方案。

虽然本书第1部分是介绍，其中也包含了很多重要的技术要点，掌握这些内容能让读者真正领会专门针对设备天线方面的当前和未来要面对的应用问题。简而言之：这部分内容对于引导读者并理解本书是绝对重要的。这部分分成2章：

- 第1章给出了NFC系统设计约束的概要综述和直接相关的连接问题；

- 第2章简明回顾了一些支配NFC工作的基础物理定律。

现在请读者自己去探索这一切吧。

第1章 ●●●●

回顾 NFC 设备天线设计的约束条件

为了便于理解，让我们先了解几个关于射频识别（Radio Frequency Identification，RFID）、非接触和近场通信（Near-Field Communication，NFC）的规范和（或）标准的专业术语。

表1.1 提供了一些在不同应用领域中的行业术语的例子。

表1.1 主要非接触式发射器和响应器的 ISO 术语

ISO 组织		发射机	应答器
		基站	接收者/发射机应答器
		读卡器	卡片
		调制解调器	
		耦合器	标签
SC 17 WG8	接近式卡片和个人装备	接近式耦合装置（Proximity Coupler Device，PCD）	接近式 IC 卡（Proximity Intergrated Circuit Card，PICC）
	邻近式卡片和个人装备	邻近式耦合装置（Vicinity Coupler Device，VCD）	邻近式 IC 卡（Vicinity Integrated Circuit Card，VICC）
SC 31 WG4	项目管理/RFID	询问器	标签
SC 06	NFC	发起者	接收者
		等	等

在这本专门研究 NFC（起初由 ECMA 在瑞士开发，之后由 ISO SC 06 行动委员会在 2000 年再次接管）的书中，我们将只使用官方 ISO 术语："发起者（initiator）"和"接收者（target）"。基于此，所有其他术语将几乎不会被提到，我们只需粗略地看一下上述原则即可。

在 NFC 应用的背景下，本章将回顾这部分内容，NFC 协议及其相关内容的主要约束和结构性问题，以及它们对天线设计的直接影响，这些必须加以处理才能配得上——在法律意义上（防止虚假广告诉讼）——"符合 NFC ISO 18092 或 21481

或 NFC Forum 标准"（主动或被动模式、无电池或电池辅助等）的标签。

正如我们稍后将看到的，存在着各种此类问题。

1.1　规范性约束

当我们设计一个 NFC 系统和相关的天线时，需要考虑的技术和协议的约束通常是有关开放式通信系统互联参考（Open Systems Interconnection，OSI）模型的"低层"即第 1 和第 2 层（分别为物理层和数据链路层/介质访问层）的法律约束和物理约束，没有它们无法建立整个系统。由于天线是第 1 层（物理层）的一部分，无论出于何种目的，它都处于领域的中心。

必须被遵守的 NFC 信号的形式（外观和振幅）已经在国际标准 ISO 18092 NFC IP1 和 ISO 21481 NFC IP2 中详细说明了。这两个标准广泛借鉴了非接触式接近芯片卡标准 ISO 14443 A & B（包括各种类别的天线-1-6）和用在专利产品 FeliCa 上的日本标准 JIS X6319-4，除了这些，还有可能是专有的和（或）市场部门具体的标准，比如（主要有）NFC Forum、EMV、CEN 等。为适应各种特定业务应用，天线经常需要遵循特定的距离和体积（以 cm^3 为单位）。

为结束这一介绍，将 NFC 的规范框架搁置一旁，在本书里发生在发起者和接收者之间的数据交互均做如下定义：

1）"从发起者到接收者"被称作"uplink（上行链路）"；

2）"从接收者到发起者"被称作"downlink（下行链路）"。

1.1.1　从发起者到接收者的上行链路

为了避免一些理解问题，我们需要注意，无论接收者有多么的智能，它仅仅在发起者发出指令的基础上才开始工作，发起者就是"发射器"。发起者也包括一个"接收器"去获取和解析另一个方向的通信。

因此，发起者本质上是一个"收发器"。

此外，为了防止许多潜在的混淆案例，两种潜在的场景由 ISO 正式定义（ISO 19762-3-信息技术-自动识别和数据采集（AIDC）技术-词汇-第 3 部分：射频识别）：

1）由发起者发送的射频（RF）波提供必要的能量给接收者，在这种情况下，接收者是"远程供电的"或"无源的"；

2）由发起者发送的射频波所提供的能量不足以给接收者远程供电（这可能是由于所需的操作距离、所使用的技术、现行法规、恶劣的环境等原因造成的），当然，这是很重要的。这时接收者是"有源的"，我们正在处理其他类型的天线。

注意：我们会经常把远程供电的接收者称为称作为"被动型"，把有源的称为

"主动型"，但是这种说法事实上是完全错误且无意义的（详见后面的解释）。

我们已经把这一概念讲解的十分清楚了。再次强调，使用正确的术语是十分重要的。

1.1.2 从接收者到发起者的下行链路

无论接收者的供电类型（远程供电型或有源型），设备必须有一种电子通信手段建立从接收者到发起者的下行链路，我们把它叫做反向链路。下行链路可以采用不同的方式建立，这取决于我们所使用的原理。

不要把电能/能量转移系统和上行链路、下行链路的通信工作原理混淆，这一点十分重要。

1. "被动型"接收者

一个接收者被定义为"被动型（被动模式）"完全是因为接收者在反向链路发送信号给发起者时没有使用射频发射器。

2. "主动型"接收者

一个接收者被定义为"主动型（主动模式）"是因为接收者在反向链路发送信号给发起者时使用了射频发射器，与是否具有独立的电源毫无关系。

3. 负载效应

为了实现下行链路，发起者会提供一个稳定未调制的载波，并允许接收者根据自己的工作方式采取适当行动，以通过调节电气特性与发起者进行通信。基于此，产生了两种完全不同的调制技术，其中一个可以被认为是"远亲"：

1）一种基于接收者天线负载的"阻抗（电阻和/或电抗）调制"的原理，被称为被动负载调制（PLM），这种技术在市场上被广泛的运用。

2）另一种是较新的技术，被称为主动负载调制（ALM），它依然和向接收者供电的方式（遥控型或电池辅助型）无关，接收者总是设置一个低功率（迷你）发射器，因此在这段时间里，只有返回给启动器的信号是"放大"的。这样，要用一个新的适配天线。

针对这两种近场调制产生的实际效果，我们通常用"磁耦合"来表示"逆向调制"。

在一些特定的系统（比如点对点模式下的 NFC 设备），在半双工系统的下行传输阶段，发起者再也不会提供载波为返回信号提供支持。在这个被称为 NFC 主动模式的特殊的情况下，为了保持与发起者的通信，接收者会发射自己产生的的电磁波，并且校准为与载波相同的频率，这样它也就成为了一个主动型的 NFC 设备。

4. 逆向调制电压

一旦发送了询问命令，发起者就切换到监听模式以监听来自接收者的响应。为此除了"点对点"模式之外，发起者不断发送载波并等待，确保接收者知晓其存在，并会通过其负载（无论是被动（PLM）还是主动（ALM））的特定调制来进行响应。

5. PLM 的逆向调制电压

通过乙方（接收者）和甲方（发起者）之间的互感的改变，逆调制期间在发起者天线的线圈中感应到的变化电压为"ΔV_1"。显然，当接收者和发起者之间的距离较大时，该变化电压更大，因为耦合系数和互感的值较低。

当接收者非常靠近发起者天线（例如手机贴近 POS 机读卡器）时，耦合系数"k"可以大到 20% ~ 30%，我们需要考虑分流或负载效应的存在。

变化电压"ΔV_1"加到已经存在于发起者天线两端的电压。因此，在所得到的信号中，载波频率也被该返回信号轻微调制，然后具有百分之几的调制指数。发起者天线上的信号也被重发，具有其自己的特定频谱和边带，当然必须符合美国联邦通信委员会（FCC）和欧洲电信标准协会（ETSI）模板。

综上，表 1.2 上总结了被动型、主动型、远程供电型和电池辅助型的功能。

表 1.2　被动型、主动型、远程供电型和电池辅助型的功能

"供给" VS "从标签到询问器的通信"		
	从标签到询问器的通信	
	通过负载调制	通过发射机
供给		
无板载电池	被动无源	主动无源
有板载电池	被动有源	主动有源

现在简短的术语词汇回顾已经完成了，我们可以专注于技术了，研究被动模式和主动模式分别是如何工作的了。

1.1.3　非接触式标准与 NFC 设备天线

表 1.3 显示的是非接触式芯片卡（例如 ISO 14443 和 JIS X6319-4）与非接触式芯片卡 vicinity（ISO 15693）天线设计的的主要技术点，其中 vicinity 被认为是"现有技术的遗产"，它创造了 NFC 设计规范。

表 1.3　天线设计的规范约束

	芯片卡			NFC			天线设计的即时后果
	ISO	EMV	ISO	ISO		NFC 论坛	
	接近式		邻近式	IP1	IP2		
	14443	EMVCo L1	15693	18092	21481	模拟/DP	
14443-2	是	是		是	是	是	

（续）

	芯片卡			NFC			天线设计的即时后果
	ISO	EMV	ISO	ISO		NFC 论坛	
	接近式		邻近式	IP1	IP2		
比特率（kbit/s）		只有 106		106 和 212～424	106 和 212～424	106～424	接近式的品质因数 Q 邻近式的品质因数 Q 比特率为 106 比特率更高
场 H（A/m）	1.5～7.5	未指定	0.5～5	1.5～7.5	1.5～7.5	未指定	EMV & Forum = 未指定
反向调制							ISO = EMV & Forum 其他可能性
14443-3	是			是	是	是	接收者管理，因此要管理堆叠
数据冲突	是	无抗冲突	是	是	是	是	禁止多卡，因此没有堆叠
射频冲突	否	否	否	是	是	是	
主动模式	否	否	否	是	是	否	动态发起者/接收者逆转
测试	10373-6	EMVCo L1	10373-7			不可用	
场 H（A/m）	是	否	是	是	是	否	ISO = 场
天线种类	是（6）	1	未指定	未指定	未指定	是（3）	
		3				3	
体积	否	是	否	否	否	是	ISO = 无指定体积 EMV 和论坛：两个不同体积
距离	否	是	否	否	否	是	ISO = 无指定距离 EMV 和论坛：两个不同的距离

同时，我们需回顾由 ISO 18092 标准（通信协议 NFC IP1 和 IP2 的空中接口）和 NFC 论坛规范和他们的天线设计中所规定的一些关键字。

1.1.4　技术

除了 ISO NFC IP2 和 IP1 规范，NFC 的论坛在"技术"一词下定义了三种传输类型的通用组。

1. NFC-A 技术标准

"NFC-A" 技术和 ISO 18092 NFC IP1 和 IP2 非常相似，受非接触芯片卡 ISO 14443 标准 type A 的第 2、3 部分影响很大。在 NFC 技术论坛中，NFC-A 被标签名为 T1T、T2T、T4AT 和 P2P 的技术所使用。

2. NFC-B 技术标准

"NFC-B" 技术和 ISO 14443 标准 type B 的第 2、3 部分非常相似，其早已大量应用在 ISO NFC IP 第 2 部分。NFC 技术论坛中 NFC-B 标准应用部分的标签为 T4BT 和 P2P。

3. NFC-F 技术标准

"NFC-F" 技术和 ISO 18092 NFC IP1 和 IP2 非常相似，而这两种技术大部分都是受日本标准 JIS X6319-4 标准启发。NFC 技术论坛将 NFC-F 用于于 T3T 和 P2P 类标签。

1.1.5 "NFC Forum 设备" 和 "NFC Forum 标签"

1. NFC 设备

与 NFC 相关的 ISO 规范使用该术语来表示可交互的"发起者"或"接收者"，无论是在主动式还是被动式（见第 1.1.6 节）。就其而言，在分割不同类别的"技术"（参见第 1.1.4 节）之后，NFC Forum（NFC 论坛组织）还决定将所有"NFC 设备"（从 ISO）定义分为两类元素：

1）NFC Forum 设备；

2）NFC Forum 标签。

2. NFC Forum 设备

无论其物理形式（移动电话、电脑、电视、相机、相框、平板电脑等）如何，NFC Forum 设备都能够支持下述各种操作模式以及在通信中扮演的角色，对基于 NFC Forum 规范的产品和规范，其实现起码要基于由 NFC Forum 发布的协议栈中的强制部分，并且满足 NFC Forum 所要求的交互的需求。

NFC Forum 设备没有特定的形状因素，但他们：

-（强制要求）必须与其他设备交互时遵循 ISO 18092 标准，协议依据 NFC Forum LLCP，P2P 来读取（写入）其他类型 NFC Forum 标签，并且可以用作发起者、接收者、读取方及写入方；

-（可选要求）应该提供仿真非接触卡，因此 NFC Forum 设备可以用作 ISO 14443 A（比如 MiFare）或者 B 或者 FeliCa（通过 T3T，T4AT 或者 T4BT 平台）等平台的非接触卡。

我们发现 NFC Forum 设备在技术上比较复杂（其天线也很是这样），因为其有如下强制性要求：

-采用多种技术（A、B 和 F）；

-能够从监听模式切换到轮询模式；

-能够发现在其附近是否存在其他 NFC Forum 设备或 NFC Forum 标签，并且处理射频碰撞和数据碰撞；

-与其他设备通信。

3. NFC Forum 标签

目前对于这些标签的规格并没有规定，但是设想日常使用：一块单独的智能海报几乎无法做任何事情，也无法告诉我们其自身的形状，圆的方的小的大的我们都无从所知。在 NFC Forum 规范中，NFC Forum 标签是非接触式标签或卡片，其在被动式通信中支持 NFC 数据交换格式（NDEF）协议，因此 NFC Forum 标签只能够传输响应和支持至少一个传统通信协议。

我们简要看一下 NFC 设备在互相响应过程中所担当的"模式"和"角色"的定义。

1.1.6 NFC Forum 设备通信的"模式"

NFC Forum 设备通过时间划分可以支持不同的"操作模式"。有四种模式涉及元件之间的通信。同时，"模式"也涵盖两个不同也不相关的概念。

首先，在 NFC IP-1（ISO 18092）和 IP-2（ISO 21481）的规范中描述了通信模式的两个子选项。

1. 被动通信模式

在这种模式下，NFC 设备"发起者"生成 RF 场，可调制以发送命令。场中的 NFC 设备"接收者"通过负载处理调制命令后给出响应，如图 1.1 所示。

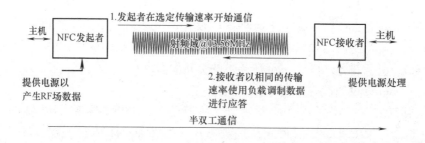

图 1.1 被动通信模式

2. 主动通信模式

在这种模式下，NFC 设备依次生成 RF 场。发起者通过生成一个场来发送命令，随后完全关闭。然后反过来接收者生成自己的场，进行调制以发送其响应，如图 1.2 所示。

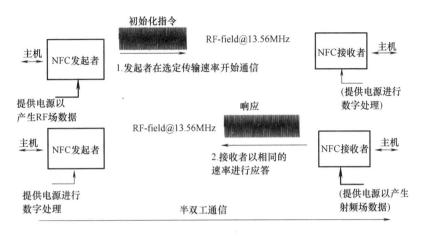

图 1.2　主动通信模式

此外，另外两种模式——监听模式和轮询模式——这定义了如何建立通信。

注 1：这些通信模式与 NFC 设备供电完全独立。在概念上与 NFC 设备的远程供电（无电池型）或电池辅助型操作没有关系。

注 2：无论 NFC 设备（发起者或接收者）是主动模式还是被动模式，数据在两个方向上的传输是交替进行的，而不是同时进行。因此，通信总是半双工的。这适用于整本书。

注 3：虽然许多人使用术语 P2P（Peer-to-Peer）来描述"主动模式"，但该术语在 ISO 规范中并不存在。实际上，"主动模式"本身不构成真正的 P2P 模型。P2P 模型是客户端 – 服务器类型模型，其中每个客户端本质也是服务器。这种描述并不准确，因为在主动模式中，端端始终都是服务器：从交换开始的发起者在通信的全过程内都要负责管理该交换，而客户端只是一个接受者。

1.1.7　NFC Forum 设备的角色

NFC Forum 为其认证设备定义了四种不同的角色，具体取决于设备所使用的模式和通信协议。

1. 发起者

"发起者"是生成 RF 场并开始通信的 NFC 设备。该设备在轮询模式下开展，已经进行了多个阶段（活动）。NFC Forum 设备在该角色中通过使用 NFC- DEP 协议（非常类似于 NFC IP1- ISO 18092）进行通信。

2. 读取方/写入方

这个角色由已经有过一些活动的轮询模式下的 NFC Forum 设备展开。在这个角色中 NFC Forum 设备充当"非接触式读取器"（在读/写模式），使用协议和命令作为从"技术子集"的"继承"（平台 T1T、T2T、T3T 或 T4T）。

询问模式中的发起者是一个读卡器，设备可以读取简单标签并找到它们的内容，但不能修改该内容，例如街道上的海报或者广告牌。但是，请注意：术语"读取器功能"是荒谬的，因为它通常包括"读取和写入"的双重含义，而不仅仅是读取。在这种情况下，NFC 设备的目的是读取内容且能够修改该内容。

3. 接收者

当"NFC 设备"响应发起者的命令时，就成为了一个接收者，接收者通过负载调制（调制由发起者产生的 RF 场）或者调制其自身生成的场来进行回复。这是 NFC 论坛设备开展多个活动后要发挥的作用。在这个角色中，NFC Forum 设备通过使用 NFC-DEP 协议进行通信。

小心"接收者"一词。就功能而言，接收者可能非常强大（例如处于主动模式，可传输）、被动模式（简单标签）、或者实际上是在卡模拟模式中。

4. 卡模拟

卡模拟在 NFC Forum 设备处于监听模式时发挥其作用。NFC Forum 设备然后表现为技术子集和遗留协议（T3T 或 T4T 平台）之一。在这个角色中，NFC Forum 设备使用 ISO-DEP 协议进行通信。

1.1.8 注意虚假广告

直截了当地做个结束吧。在宣称一台设备是 NFC 设备，并且符合 NFC 标准 ISO 18092 或 ISO 21481 或者 NFC Forum 标准（在任何工作模式下，不管是主动式还是被动式，需不需要电池之类的）之前，在司法和法律意义上，我们需要确定这台设备值得认证，并且能通过大量的一致性测试，而非，正如常常出现的不恰当说法所说，仅仅是一台简单的 ISO 14443 设备，虽然这个说法不含贬义。否则，我们可能因虚假广告被起诉，或者面临其他法律问题。

1.2 监管约束

1.2.1 RF 法规

本书中提到的所有 NFC 系统都有既可以放置在发起者也可以放置在接收者位置的天线。许多规定文件指出，广义上的非接触式应用的设备（非接触式芯片卡、RFID、NFC、定位等）的约束和限制（辐射、污染、磁化系数等）受限于允许传输频率值、授权的辐射标准、特定的屏蔽/模板。

在 13.56MHz 的 NFC 频率上，世界上关于污染的标准和规范或多或少比较一致，地区之间有些许差异。

在美国，美国联邦通讯委员会（FCC），受 ANSI（美国国家标准学会）的支持，出版了著名参考文件"美国联邦法规（CFR），标题 47，第 1 章，第 15 部分"的《无线电设备》，这是当地的权威管理书籍。

在欧洲，力推的当属 CEPT/ERO（欧州监管机构，总部在丹麦）提出的 ERC-REC 70 03 "关于使用短距离无线通讯设备（SRD）"，读者强烈推荐获得最新版本（从 www.ero.dk）。此外，ETSI 在"电磁兼容性和无线电频谱问题（ERM）- 短距离设备"中使用的测量和测试方法采用 ERO 的建议：EN 300-330- 频率从 9kHz 到 25MHz、125kHz 和 133.56MHz。

在日本，具有权威性的是无线工业和商业协会（ARIB）说明。

1.3　NFC 市场的规范

设备因市场的需要而生。因此当我们制造设备时，希望设备畅销（或者说是"有卖点"），其功能、效用、市场销售价格、价格随着时间降低的情况、盈利能力都需要考虑。一言以蔽之，在推出设备之前，对"商业模式"进行细节考量非常重要。

NFC 市场总体细分为两个主要领域："小型化市场"设备和"大型化市场"设备。通常，NFC 系统针对的是消费型市场，也就是"大型化市场"。因此，成本对 NFC 设备至关重要。这里，我们对一个迎合消费者期望的技术-经济链条进行简要描述：

价格便宜- 无需电池- 远程供电- 辐射合理

价格便宜，所以没有电池。无需电池，在此处意味着设备的供电需要通过"远程供电"来解决，即设备需要通过发射器产生的近场高频电磁场供电；

我们可能会考虑需要远程供电的接收器是否还能符合射频相关规范（诸如频带、频率、功率、最大辐射电磁场场强，频谱模板以及包含信息速率，比特流编码，碰撞管理及回收利用在内的一系列问题）。

1.4　NFC 技术规范

NFC 应用不仅限于手机，不仅限于非接触支付卡（及模拟器）。很多对于 NFC 的看法太过简单，而实际 NFC 应用因天线设计而有着大量的不同分类，我们将简要回顾上述不同的类别。

表 1.4 总结了由 NFC 系统的物理基础产生的"读取器"应用（RFID，P2P，电池辅助被动卡模拟，远程供电被动卡模拟等）的范围。

表 1.4 NFC 应用范围

NFC设备								
发起者			接收者					
通信手段	角色		角色					
	发起者		标签	卡片	下行链路			
被动半双工双向	P	读/写	L	1T, T2T, T3T 或 T4T 发送者		PLM ALM	无电池型	发送者, 标签
	P	读/写	L		T3T 或 T4T 芯片	PLM ALM	无电池型	普通芯片卡, 银行卡, 信用卡
		读/写	L		T3T 或 T4T 卡模拟	PLM ALM	无电池型	具有扁电池的电话, 负载效应
					T3T 或 T4T 卡模拟	PLM ALM	电池辅助型	普通电话, 负载效应
						NFC 中未发送的 ALM	电池辅助型	
主动半双工双向	P	发起者 NFC-DEP 协议 NFC IP1-ISO 18092			其他设备		电池辅助型	

1.4.1 应用成果及其直接约束

从上述这些可能性中挖掘出应用服务，通常分为以下几个主要营销术语"Touch & Go""Touch & Confirm""Touch & Connect"和"Touch & Explore"。同时，在 NFC 设备的结构和电子功能应用的多样性是非常大的。但建立与 NFC 相关联的"生态系统"却很困难，在金融层面和技术层面，都存在非常多的互连、重叠等问题需要解决。

表 1.5 给出了 NFC 应用的技术多样性，及现行天线的形式、尺寸和形状因子的多个示例。

表 1.5　NFC 技术应用的不同实例

市场	功能	架构			示例（非穷举列表）	
		发起者	接收者			
		写/读	标签	芯片卡模拟	天线尺寸（近似）	制造商的非详尽例子
会员卡	芯片卡，徽章		√ √		5cm×6cm	
移动电话技术	智能手机，所有应用	√		√	6cm×6cm ~ 3cm×3cm	谷歌、苹果、三星等
	早期所生产之适配卡			√	2.5cm×2.5cm	水星
银行支付	智能卡			√	5cm×7cm 2.5cm×7cm	金雅拓，Morpho，欧贝特，G&D 等
	移动 POS 机	√			5cm×4cm 屏幕尺寸	安智，德利多富等
	平板电脑、电子钱包	√	√	√	上面和下面	Thalès 等
	ATM	√			$\phi=7$cm EMVCo	
工业	徽章		√		绝对形状和大小	DAG 系统等
	标签		√			
	智能海报		√			
	比赛号码牌标签		√			
医学	识别、跟踪	√	√		4cm×1cm	Trixell、Maquet
	净化槽	√			30cm×30cm	IMS
	监测小老鼠、蚂蚁、蜜蜂	√	√		非常小的 4mm×1mm	Lutronic，Arelis，Nonatec 等
消费者	相框		√		30cm×20cm 屏幕尺寸	Parrot 等
	扬声器系统		√			Parrot 等
	电视机	√		√	安全访问	飞利浦等
	PC	√		√		戴尔等
	广告项目	√	√		不限具体尺寸	Strapmedia
	博物馆指南		√		$\phi=2.5$cm	Strapmedia
	图书馆无线充电器	√			10cm×8cm	三星，诺基亚，Tagsys 等

（续）

市场	功能	架构			示例（非穷举列表）	
		发起者	接收者			
		写/读	标签	芯片卡模拟	天线尺寸（近似）	制造商的非详尽例子
计算	USB 加密狗	√	√	√	1cm×1.5cm	Mercury、Neowave
	U 盘		√		2.5cm×2.5cm	Neowave
	终端	√				Taztag
汽车用品	汽车仪表盘					Herman、Delphi、Valéo
	点火钥匙		√	√	3cm×5cm	Conti、Valéo
	NFC 电池充电器	√			10cm×8cm	Delphi、Conti
公共交通	机票验证				φ=10cm	Xeros、Parkeon、Thalès 等
	监测装置				5cm×3cm	
物联网-连接物品	手表、钥匙				2.5cm×2.5cm φ=2.5cm	Apple 等 Mercury
	手镯				1.5cm×3cm	Apple、Mercury
	手机壳					
	社区的社交网络					Zèbre
奢侈品-珠宝	UHF 和 HF NFC					
	女用内衣、眼镜、鞋等		√		防伪，不限具体尺寸	Louboutin, Lise Charmel, RayBan 等
	葡萄酒、酒，LCD 标签和软木塞		√ √			
	珠宝展示柜				安防	

正如读者可能意识到的，广告从业者、设计师和开发人员在机械方面的创造力是无限的。不幸的是，在确保所产生的磁场的值并确保介质中的通信（被动通信、主动通信、读取器/写入器模式、点对点、卡模拟、负载效应等）方面，我们简略委婉地说这方面还有一些路要走，但这就是另一个故事了。

此外，为了满足银行、运输等领域的应用需求，我们经常需要让发起者和接收者处于非接触式芯片卡仿真模式运行，它们的天线在磁场方面的性能必须符合"EMVCo 非接触式"的技术规范，该规范专门针对银行或付款，改编自 NFC IP2 规范封装的 ISO 14443 A&B。接下来，产品必须经过所有 CommonCriteria 测试，并获得所有认证，如 EAL 5 + 和其他更严格的测试。

1.5　天线设计应用约束

无论 NFC 设备是发起者或接收者，在主动或被动模式，无电池或电池辅助下，大量的应用约束和天线的设计直接关系出现在七八个大的层面，将以三个不同领域形式展现出来，以便清楚地区分每个部分。

首先，与 NFC 规范和标准（ISO、NFC Forum、EMV 等）内容存在直接和间接相关的结构约束，以及能够被称为"NFC"必须满足的一些条件（在术语的司法和法律意义上，在主动或被动模式，无电池或电池辅助等）。这些包括：

1）天线的形状因子；

2）操作距离的变化与磁耦合的关系；

3）耦合系数和耦合指数的值；

4）逆变电压的值；

5）品质因数的值；

6）每个时间片的各种操作模式。

其次，关于各种应用的功能约束（接收者的负载效应，接收者/标签的堆栈等），分为

1）发起者和接收者的失谐；

2）链接到"堆栈"的约束。

最后，我们面临着天线的直接环境问题，以及如何部分或全部地避免它们。他们包括：

1）不利于波传播的环境；

2）外壳，金属，电池的存在所带来的影响；

3）电磁兼容性（EMC）污染。

读者还可以参考《NFC 设备设计宝典：设计约束篇》一书，专门讨论 NFC 设备设计中所涉及的限制。

第2章

NFC 内部原理的介绍和概述

为了可以在适当情境下了解近场通信（NFC）的思想，本章对 NFC 的核心物理概念进行了一次总览，这些概念对于理解全书的内容至关重要，需要牢记。

2.1 "非接触式"的物理基础与 NFC

为了帮助不熟悉技术细节（或是需要回顾）的读者理解这些应用中的具体问题，我们要对射频（RF）通信进行简要回顾，并且对术语"近场通信（NFC）"所涵盖的内容给出明确的解释。这是一个物理术语，而非营销术语。因此，回顾 NFC 相关技术的理论基础和物理基础很有必要。

2.1.1 传播和辐射的现象

我们将通过一个辐射的经典例子"赫兹偶极子（Hertzian doublet）"，来解释关于射频（RF）电磁波传播物理概念的一些结论。随后我们将用这个简单例子来验证 NFC 的一些具体案例。

2.1.2 场与空间区域的分类

在学习电磁波（EM waves）传播和辐射现象时，由麦克斯韦方程可知，电场辐射强度 E 和磁场强度 H 取决于三个主要参数，即

1）时间变量 t；

2）与辐射源之间的距离变量 r，有 $1/r$，$1/(r^2)$ 和 $1/(r^3)$ 三项。如果这些当中一个或多个项相比其他项可忽略不计，那么可以简化方程；

3）乘积 kr，有 $kr = 2\pi/\lambda$。

2.1.3 空间区域

在一个非常小的天线中（与辐射源相当的球体直径很小），通常会依据该系统

下 r 的值和波长 λ 的关系，定义了三种空间区域，即近场空间、中场空间和远场空间。依据 r 的值大于或者小于下式进行区分。

$$1/k = \lambda/(2\pi)$$

2.1.4　远场: $r \gg \lambda/2\pi$（Fraunhofer 区）

远场区域中，麦克斯韦方程中 $1/(r^2)$ 和 $1/(r^3)$ 两项的值可以忽略，在 $1/r$ 项中的 E 和 H 的值也减少很多，这在距离 r 的值远远大于 $\lambda/(2\pi)$ 时发生。这一点上发生的是，我们从准驻波的区域移动到波传播的区域，即进入了辐射场的控制区域。该场空间中电场 E 占优势，并且不再有任何磁耦合。通常在该区域中，设备主要使用辐射场 E 工作，因此使用偶极子（dipole）天线。

2.1.5　中场: $r \approx \lambda$（Fresnel 区）

在该空间区域中，$1/r$、$1/(r^2)$、$1/(r^3)$ 等项都要保留。这是一个辐射近场，当天线的尺寸大于传输波长 λ，距离 r 近似等于 λ 时，存在 Fresnel 分量。

2.1.6　近场: $r \ll \lambda/2\pi$（Rayleigh 区）和 NFC 的起点

在 $r \ll \lambda/2\pi$ 的空间区域中（忽视系统运转的频率），接近天线的环境下 $1/(r^2)$ 和 $1/(r^3)$ 项的值要远远大于 $1/r$ 项的值，并且场（E, H）衰减很快。该近场区域（称为瑞利区域）基本上对应于"耦合变压器"的区域（其中接收功率 P_r 大约等于发射功率 P_t，这与自由空间传播的效果不同，$P_r \ll P_t$（远场））。

当传输在天线近距离发生时，电场由天线自身的电势产生：这就是近场域。这个距离下，我们看到这是一个"常驻"波的控制区，可以在标签和源之间建立磁或电耦合。

通常在该区域，设备通过使用感应耦合（比如环形天线）来产生磁场 H 从而运作，NFC 就是这种情况。

总结:

$$近场（磁耦合）< \lambda/2\pi < 远场（波传播）$$

2.1.7　非接触式，RFID 和 NFC 应用的注释说明

这些注释对于远程供电系统（当传输波可以提供足够的能量给电子标签完成功能）是至关重要的。对于现有的半导体技术和现行规范，作为开始，了解非接触式/RFID/NFC 应用需要的功能在近场和远场区域总是很有趣的。考虑到这一点，让我们看表 2.1，其表示频率值和与其相关的距离 $\lambda/2\pi$ 之间的关系。

表 2.1 频率值和与之相关的距离 $\lambda/2\pi$ 之间的关系

	频率	波长	$\lambda/2\pi$	NFC 应用的近场区	远场区的起始位置约大于 3λ
低频（LF）	125kHz	2.400m	382m	总是	1.100m
高频（HF）	13.56MHz	22.12m	3.52m	总是	11m
超高频（UHF）	433MHz	69.2cm	11.02cm	0～12cm	24cm
	866MHz	34.6cm	5.51cm	0～6cm	18cm
	915MHz	32.8cm	5.22cm	0～5.5cm	17cm
	2.450GHz	12.2cm	1.94cm	0～2cm	6cm
特高频（SHF）	5.890GHz	5.1cm	0.8cm	0～1cm	3cm

如表 2.1 所示，在超高频（UHF）和特高频（SHF）中，大多数时间 RFID 应用（例如托盘上货物标签的读取）所需的/可能的操作距离很明显（几米）。由于这些距离总是远大于 $\lambda/2\pi$ 的值，RFID 的 UHF 标签需要在"远场"中工作，因此无法使用磁耦合的原理与基站通信，而是采用其他原理通信，（例如它们可以利用 EM 的传播现象和接收波的反向散射）。

然而，在低频（LF）和高频（HF）频段中，由于技术原因、现行监管规定、远程供电的可行性及成本因素，应用所需/可能的操作距离总是远远小于 $\lambda/2\pi$ 的值。在这种情况下，设备只可在"近场"中操作和通信。

自从在 LF 和 HF（特别是 13.56MHz）中的第一次应用以来，在 125kHz 和/或 13.56MHz 通信的非接式触芯片卡和 RFID 标签就一直在"近场"中运行，因此（套用莫里哀在《小资产阶级绅士》[⊖]中的话）它们甚至在不知道 NFC 的情况下一直下进行着近场通信。所以就其原理而言在 LF 和 HF 中，NFC 本质上并不是个突破。因此，这些应用主要基于涉及电感回路和电感/磁耦合相关的原理。

2.2　NFC 的概念

让我们来看看 NFC 应用的物理学概念。

1999 年，半导体市场的两个主要领导者：一个是飞利浦半导体公司（一家荷兰公司，在购买了奥地利公司 Mikron 之后更名为恩智浦半导体 NXP），另一个是日本的索尼公司（非接触式芯片卡 MiFare™（基于国际标准 ISO 14443 A 部分）和

⊖ 《小资产阶级绅士（The Bourgeois Gentleman）》是法国著名剧作家莫里哀（Molier）的喜剧，剧中主人公 Monsieur Jourdain 惊愕地宣称："说实话，我写散文超过 40 年却并不了解它"。这里指人们不了解 NFC，但已经使用了很长一段时间——译者注。

FeliCaTM（符合日本标准 JIS X6319-4）的专利设计的创造者）共同发展出了 NFC 这一概念，用于数字数据通信应用，而不是像许多人想的那样为了取代或与芯片卡应用竞争。因此，NFC 诞生于 2000 年左右。

简而言之，如果读者仍然相信 NFC 只是移动通信的同义词，那么正如以下来自"Scope"（2002 年年底）的文本所证明的那样，他们是错误的。以下这段文本是关于 ECMA 340NFCIP-1 标准的一段简介，后来成为了 ISO 18092 标准。

"近场通信接口和协议（NFCIP-1）使用在 13.56MHz 的中心频率下操作的电感耦合器件来定义通信模式，用于计算机外围设备的互连。它也定义了 NFCIP-1 的主动和被动通信模式，以实现基于 NFC 设备的通信网络，用于网络产品和消费设备。

2.2.1　Biot-Savart 定律

已经清楚地定义了 NFC 与其他技术的关系，现在我们回顾一下流经线圈、天线环路与其他贯穿本书的理论。我们必须记住，只有当第一层（OSI 模型中的物理层）正常工作时，NFC 设备才能工作。这包括

1）产生磁场 H；

2）该场随距离变化所发生的变化。

Biot-Laplace 定律和 Biot-Savart 定律建立了在长度为 dl 的电路元件中循环的电流 I 与磁感应强度 B 之间的数学关系 ，其中磁感应强度 B 可以写成关于（属于单位矢量 u 的）测量点与产生该场的定向元素 dl 之间的距离 x 的方程，根据公式：

$$dH = \frac{(Idl) \wedge u}{4\pi x^2}$$

可推得

$$B = \mu \times H = \frac{(\mu I)}{4\Pi} \oint \frac{dl \wedge u}{dx^2}$$

其中 $\oint$ 是对长度 l 计算的曲线积分，$\wedge$ 是矢量积的符号。

2.2.2　圆形天线轴上一点的场 H

在半径为 r 的平面圆形天线的情形下，在距离天线轴线的距离为 d 的点 P 处（见图 2.1），我们可以这样写：

$$dH = (Idl) \wedge u)/4\pi x^2$$

因此：

$$dH = (Idl\sin\alpha)/4\pi x^2$$

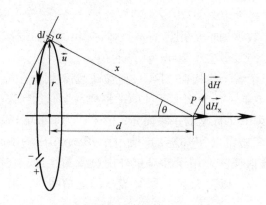

图 2.1 圆形天线轴上一点的场 H

在这种情况下：

$$\alpha = \pi/2, \ \sin\alpha = 1$$

所以：

$$dH = Idl/4\pi x^2$$

在线圈的轴上，dH 的分量 dH_x 等于：

$$dH_x = Idl\sin\theta/4\pi x^2, \ x = r/\sin\theta$$

因此：

$$dH_x = I\sin^3\theta dl/4\pi r^2$$

此外，在沿着线圈的轴线的距离 d 处：

$$x = \sqrt{(r^2 + d^2)}, \ \sin^3\theta = r^3/x^3$$

所以：

$$\sin^3\theta = r^3/(r^2 + d^2)^{3/2}$$

这给了我们：

$$dH_x = \left[(I/4\pi)(r/(r^2 + d^2)^{3/2}) \right] \times dl$$

因此，最终 dl 在总长度为 $2\pi r$ 的圆形螺旋上积分：

$$H_x = \left[(I/4\pi)(r/(r^2 + d^2)^{3/2}) \right] \int_0^{2\pi r} dl$$

我们得到：

$$H(d,r) = \frac{Ir^2}{2(r^2 + d^2)^{3/2}}$$

此外，$B = \mu H(d, r)$，有

$$B(d,r) = \mu \frac{r^2}{2\left[(r^2 + d^2)^{3/2} \right]} I$$

例 2.1　在空气中，$\mu = \mu_0 = 4 \times 3.14 \times 10^{-7}$

1）如果 $H = 1\text{A/m}$，则 $B = \mu_0 \times H = 1.256\mu\text{T}$；

2）如果 $B = 1\mu\text{T}$，则 $H = B/\mu_0 = 0.796\text{A/m}$。

要注意，对于 $d = 0$ 和 N 个螺旋的线圈，我们知道平圆形线圈的中心感应 B 是相同的，有

$$B(0,r) = \mu \frac{NI}{2r} = \mu H(0,r)$$

2.2.3　作为 "d" 一个函数的场 H 的衰减

通过设置：

1）d 为天线中心与轴上测量点之间的距离；

2）r 作为天线的半径；

3）$a = d/r$ 和 $d = (ar)$。

上述 H_0（位于基站天线中心）和 H_d 之间的关系变为

$$H(a,r) = \frac{1}{\left[(1+a^2)^{3/2}\right]} \times H(0,r)$$

$H(a, r)/H(0, r)$ 比值取决于 r 和 d 的值，或是 $a = d/r$ 比值，见表 2.2（对于给定的 r 值，该表展示了校正因子 "$(1+a^2)^{(3/2)}$" 的值及其为比率 $a = d/r$ 的函数的倒数）。

表 2.2　依赖于 "r" 和 "d" 值的比率 $H(a, r)/H(0, r)$ 的变化量

d	a	$H(0,r)/H(a,r) = (1+a^2)^{3/2}$	$H(a,r)/H(0,r)$	$=1/(1+a^2)^{3/2}$
0	0	$\sqrt{1}$	$=1$	$=1$
$0.5r$	0.5	$\sqrt{1.953}$	$=1.397$	$=0.716$
r	1	$\sqrt{8}$	$=2.828$	$=0.354$
$1.33r$	1.33	$\sqrt{21.34}$	$=4.62$	$=0.216$
$1.414r$	1.414	$\sqrt{27}$	$=5.196$	$=0.192$
$1.5r$	1.5	$\sqrt{34.33}$	$=5.86$	$=0.170$
$1.66r$	1.66	$\sqrt{53.8}$	$=7.34$	$=0.136$
$2r$	2	$\sqrt{125}$	$=11.8$	$=0.0847$
$3r$	3	$\sqrt{1000}$	$=31.62$	$=0.0316$
$4r$	4	$\sqrt{4913}$	$=70$	$=0.0143$
$4.5r$	4.5	$\sqrt{9595}$	$=98$	$=0.0101$
$5r$	5	$\sqrt{17576}$	$=132$	$=0.0076$

注意：这张表格对于本书非常重要，我们会经常回来参考这张表。

图 2.2 反映了表 2.2 中给出的结果。

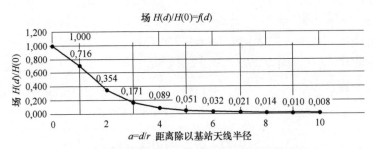

图 2.2　比率 $H(d)/H(0)$ 的根据 a 变化的曲线

例 2.2

对于发起者/读卡器（近程耦合设备（PCD））ISO 10373-6 的半径 $r = 7.5\text{cm}$（直径 $=15\text{cm}$）的天线，我们从 0 处的 7.5A/m 场切换到一个 1.5A/m 场（即比率为 5），即当 PCD（读卡器）的天线与接近集成电路卡（PICC）（接收者）之间的距离的比率在（$1.4 \times \text{PCD}$ 的半径）附近时，即距离为 $1.4 \times 7.5\text{cm} = 10.5\text{cm}$。原则上，一个产生 7.5A/m 磁场 $H(0)$ 的 PCD 可以从 0cm 到大约 10.5cm 的距离读取所有的 ISO PICC（因为它最小能感应到的场强至少为 1.5A/m）。

2.2.4　矩形天线的轴上一点的场 H

同样，在一个边为 a 和 b 的扁平矩形天线，其有 N 个尖峰，在距天线轴线的距离为 x 的点 M 处（见图 2.3）。

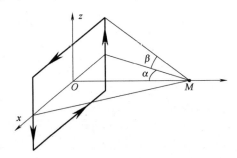

图 2.3　矩形天线的轴上一点的场 H

在经过一些复杂的计算后，可以得到

$$H = \frac{N \times I \times a \times b}{4 \times \pi \times \sqrt{\left(\dfrac{a}{2}\right)^2 + \left(\dfrac{b}{2}\right)^2 + x^2}} \times \left(\frac{1}{\left(\dfrac{a}{2}\right)^2 + x^2} + \frac{1}{\left(\dfrac{b}{2}\right)^2 + x^2} \right)$$

在了解这些物理理论实例后，我们再来进行 NFC 发起者和接收者天线的详细运算。

第 2 部分

NFC 设备天线的
方案与设计

众所周知，短距离设备操作要么是在远场（在从 860~960MHz 和 2.45GHz 的 UHF 频段，以及 5.8GHz 的 SHF 频段）通过波传输实现（麦克斯韦方程），要么是在近场（125kHz 左右的 LF 频段和 13.56MHz 的 HF 频段）通过电感耦合实现（毕奥 – 萨伐尔定律）。对于前者（UHF 和 SHF），我们感兴趣的是场的电子元件 E，天线属于"偶极"类；对于后者（LF 和 HF），是本书关注的重点，我们着眼于场的磁元件 H，天线属于"回路"类。

我们现在来到了本书最重要的部分。接下来的部分，我们会描述很多难以理解的环境计算、物理层使用的加密方法、被很多人无意中忽视的"空中接口"。不幸的是，如果空中接口不能正常工作，或者不能很好的工作，就什么也做不成。因此，最好确保它们是稳固结合的。

为了方便阅读，本书这部分内容分成几章。

第 3 章（理论）和第 4 章（详细示例）是关于针对各种形状的发起者 NFC 设备的"发起者天线"的计算方法和设计，天线主要功能是产生和传输 13.56MHz 的载波信号，从而和放入其场中的被动或主动模式的接收者进行通信。接收者可能是无源的（远程供能）——这种情况下发起者必须提供能量（芯片卡，普通 NFC 标签），接收者也可能是电池辅助的（比如卡模拟模式的手机）。

第 5 章（理论）和第 6 章（详细示例）则关于"接收者天线"，研究所有接收者的天线；

NFC 标签天线；

被动接收者（通过反向调制）天线，比如卡模拟器的功能；

主动接收者（通过反向调制）天线，比如卡模拟器的功能。

在进入本书第 2 部分详细内容之前，有两个初步的重要的声明：

1）这部分内容不是新的。后继章节给出的所有天线的图表和匹配，以及它们相关的计算，自从最开始的 RFID 相关工业活动就存在了。磁耦合操作（近场），具体来说，LF（125kHz）是 1985 年左右，由元器件制造商 NXP（飞利浦）半导体，TI（德州仪器）和 EM 微电子提出的。其他少量是起始于防盗应用和汽车防启动系统（由西门子汽车/大陆，法雷奥集团、Dephi、萨基姆等公司出品）。到了 1995 年左右，欧洲发布了在 HF 13.56MHz 的磁耦合的非接触式支付卡，首先由奥地利公司米克朗（后来成为飞利浦半导体，然后成为 NXP），其旗舰产品是 MiFare。在日本有索尼公司和他们的产品 FeliCa，然后到了 2000 年左右，NXP 公司在格拉茨（奥地利）和卡昂（法国）的工程师团队开发了范围广泛的 NFC 集成电路。所以说，没有什么新发展。

今天，这些"理论和学术"图表和计算是众所周知的，完全是传统基础知识；也有一些是由飞利浦 \ NXP 公司以应用笔记（AN）的方式发表的，这些笔记通常只提供给特殊的签订了保密协议（NDA）的使用者、客户、合作伙伴，几年后恰当地被市场上众多的其他元器件供应商引用，比如 TI 公司、EM 公司、英飞凌公司、意法半导体公司、Inside 公司、Melexis 公司等。

2）在本书中，我引用了一些这种经典和通用的图表和计算（20 年前就职于飞利浦/NXP 公司时我已经亲自专业地从事原创的计算工作），并增加了详细说明和扩展信息，因为本书意在传承技术和科技技巧。读者可能在开发新应用时，遇到使用 RFID/NFC 通信设备引起的类似的技术问题，这不足为奇。读过这部分，读者应该可以在不需要其他任何人帮助下开发出自己的 RFID/NFC 产品的射频输出部分。

注意，在本书中，我们不会提出"独特的"天线解决方案，尽管它们会出现在很多专利中，但那些应用非常特殊，事实上很少被采用。

第 3 章

发起者天线：具体计算

3.1 介绍

根据定义，NFC 设备中的"发起者"模式或者功能是与接收者建立通信的基础。因此，为了发送命令需要有传送功能去发送电磁波，为了收到并监听接收者的应答，也需要有一个接收功能。在发起者中，这两个功能可能是完全分开的，并各自有独立的天线，这被称为"收发分置"的解决方案。另外，传输和接收天线也可以被合并为单一天线，也就是所谓的"单站"的解决方案。由于成本原因（当然也因为有效），后一种解决方案被选中并在 97% 的市场中得到应用。也就是我们将在本章详细介绍的"联合传输和接收单天线"的解决方案；本章的最后将用一些篇幅叙述收发分置的系统。

3.1.1 这里有一些发起者……还有一些发起者

将天线的物理尺寸放在一边，让我们首先详细分析符合各种国际标准（ISO 和 CEN）、专有标准（NFC Forum、EMV 等）和其他新闻中的常见术语的不同类型的"发起者"。为了做到这一点，我们需要仔细的将上述可能的发起者按照以下三个主要的参数进行分类：操作模式、供电的原则和返回信道的操作类型（例如反向调制）。对于每一种情况，这意味着不同的电路设计的天线由相同的通用模式建造。

表 3.1 对比显示了不同点。

表 3.1　能够满足性能要求的可能的点

NFC 设备"发起者"	发起者的 NFC 通信模式		发起者的供电方式		从接收者到发起者的反向调制		发起者应用在"读写"模式中的示例
	被动的	主动的	无电池的	电池辅助的	被动的	主动的	
普通"发起者"单站天线或收发分置天线		√		√	√		发起者在读写模式下工作，能够读取调谐的或失调的在 PLM 下工作的接收者 例如芯片卡徽章的读取器，海报上的"优惠信息"，鼠标等
		√				√	如上所述，但接受者在 ALM 中工作
"发起者"移动电话或移动 POS 支付		√		√	√	√	发起者在发起者读写模式下工作，能够读取调谐的或失调的在 PLM 或者 ALM 下工作的接受者 例如：移动电话中的芯片卡支付读取器
	√			√	√		同上，但是对于每一段时间来说，发起者颠倒它的功能，也作为一种"卡仿真器"，既可以通过调谐也可以通过失谐 例如：用于手机支付的 PLM 接受者芯片卡仿真
						√	用于手机支付的 ALM 芯片卡仿真
"发起者"点对点		√		√	各个方向依次的主动模式传输		在 P2P 模式中，发起者和接受者之间有一种交换。因此，它对于负载效应和任何失谐都是透明的

3.2　发起者天线的设计（不考虑外部环境的影响）

先插一句，在本书第 4 章中讨论的大量的各式各样的例子，是在该领域中长期实践得到的结果。本章的第一段呈现了理论上和实际上不同的操作和阶段的不同点，完善着对于 NFC 发起者天线的完整定义和创造。这些不同的阶段将逐一讨论，但是在我们开始之前，为了评价 NFC 项目中的射频（RF）和天线部分，我们需要描述它的最终目标，即定义/确定/发现经过包含 N 匝的天线（在我们的案例中，电感为 L）的电流值 I，为了：

1）首先，创建一个与 NI 成比例的磁场强度 H；

2）第二，产生一个磁通量 $\Phi = LI = BS = \mu HS$；

3）第三，产生感应电压 $v = \mathrm{d}\Phi/\mathrm{d}t$。

关于经过天线电路中的电流 I，无论在何种情况下，物理上是一个电感为 L 的线圈，但会产生欧姆阻抗 R_ant 和其他的损耗，因此，我们需要处理瓦特级的能量级别和损耗。

另外，这个初始设置总是由一个带有电源内阻 R_gene_out（集成电路）的电压发生器驱动。目标是将由发生器产生的最大瓦特功率转换到天线电路呈现的瓦特负载中。

上述提到（出于许多原因）的两个电阻（瓦特）R_ant 和 R_gene_out 有不同的值。我们将要说到，为了优化最大功率的转换，我们需要去尝试，首先，只使用纯电抗元件 L、C 来调整阻抗，其次，调谐它们使其只保留阻抗 Z 的电阻项。

另外，与此类似，我们通常需要在有电抗和调谐负载（一样的原因和效果）的情况下，设计和满足滤波函数（为了滤除谐波、电磁兼容性（EMC）等）。

因此，这个章节的第一部分将会由逐级的阻抗匹配分析构成。

3.2.1　操作模式

表 3.2 展示了不同的操作和阶段的分类，为了定义环形射频天线在近场伴随着电感耦合的电学特性、技术特点和性能。无论设备的形状因素，比如那些传统的应用于电池辅助 NFC 发起者的，或者是否是读卡器，还是主要部分的拔线插头，还是在阅读模式下由堆叠或电池供电的移动电话或者其他任何东西，表 3.2 都是可以应用的。

表 3.2　设计发起者天线的方法

阶段 0
- 扼要概述
阶段 1
- 我们选择了发起者的集成电路的类型
- 我们仔细阅读了它的数据表
- 从中，我们推导出集成电路 R_ic_out 的值
阶段 2
- 我们查看检查规则模板 ERC 70 30
- 我们设置滤波电感的值，这样 EMC 滤波器的电容在物理上是可行的
阶段 3
- 我们规定 EMC 电路必须调谐到载波频率
- 为了达到最大传输功率，我们让 $R_s = R\_out\_ic$
- 这给了我们 Q 和 Q^2 的值
- 我们发现 R_s 的值与并行值 R_p 有关

（续）

然后

阶段4

- 我们着眼于接收者制造商可以保证的最小操作领域
- 我们定义了我们想要操作的距离
- 我们计算出发起者线圈必须在其中心所提供的电场

阶段5

- 通过上面的值，我们确定 $L = f(N)$ 的值
- 我们定义可用电感的值 L，因此定义它的匝数 N

阶段6

- 我们定义天线的 Rs_ant 值，为了找到适用于应用的天线的品质因数 Q
- 我们通过用 T-bridge 值匹配电路使"天线总负载"等于 Rp。"天线总负载"表示与其输入端有关的一个真实阻抗

阶段7

- 我们铺设必要的电缆，焊接，测量和收尾

3.2.2　扼要概述

1. 源/发生器的功率匹配条件

让我们对于我们将要叙述的主题给出一个简要的叙述。

当我们想使由正弦波发生器产生的内部阻抗 Z_g 与负载 Z 匹配时，需要满足一些特定的条件。记住这个，利用发生器的戴维南等效电路，我们计算得到能够将最大有效功率传入负载所需的插入负载的值。

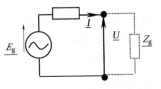

图 3.1　发生器的戴维南等效电路图

消耗在负载上的平均功率：

$$P = \frac{(U\,I^* + U^*\,I)}{4}$$

通过设置 $\underline{Z} = R + jX$ 和 $\underline{Z}_g = R_g + jX_g$：

$$\underline{U} = \frac{\underline{Z}}{\underline{Z} + \underline{Z}_g}E_g$$

和：

$$\underline{I} = \frac{E_g}{\underline{Z} + \underline{Z}_g}$$

因此：

$$P = \frac{1}{4}\frac{\underline{Z} + \underline{Z}^*}{|\underline{Z} + \underline{Z}_g|^2}|\underline{E}_g|^2$$

我们发现：

$$P = \frac{1}{2} \frac{R}{(R + R_g)^2 + (X + X_g)^2} |\underline{E_g}|^2 = \frac{R}{(R + R_g)^2 + (X + X_g)^2} E_{g_{eff}}^2$$

为了最大化这个功率，我们需要通过使 $X = -X_g$ 来最小化分母，得到函数的最大值：

$$f(R) = \frac{R}{(R + R_g)^2}$$

为了求得最小值，我们计算上述函数的导数：

$$\frac{d}{dR} \left[\frac{R}{(R + R_g)^2} \right] = \frac{R_g - R}{(R + R_g)^3}$$

导数在 $R = R_g$ 时，值为 0，这意味着发生器的内阻抗为 Z_g，电动势的均方误差为 E_{rms}，在负载阻抗与内部阻抗的复共轭相等时，例如 $\underline{Z} = \underline{Z_g}^*$，负载将会得到最大的功率。最大功率为

$$P_{MAX} = \frac{E_{eff}^2}{4R}$$

当内部阻抗与负载均为纯电阻时：

发生器消耗的功率：

$$P_g = E_{g_{eff}} I_{eff} = \frac{E_{g_{eff}}^2}{R + R_g}$$

负载接收的功率：

$$P_r = R I_{eff}^2 = \frac{R E_{g_{eff}}^2}{(R + R_g)^2}$$

效率：

$$\eta = \frac{P_r}{P_g} = \frac{R}{R + R_g}$$

提示：在功率匹配的情况下，能量效率为 50%（如图 3.2 显示了能量与效率的关系）。能量源提供了所有的能量，一半的能量被负载消耗了；剩下的一半由于焦耳效应消耗在发生器的内部电阻上。

例如，假如源的集成电路 $R\_ic\_out = R\_gene = x\Omega$，负载必须达到 $x\Omega$ 才能达到最好的匹配。

因此，知晓集成电路的 R_ic_out 是非常重要的，这样才能从本质上知晓有多少能量被传输到了负载上。

例如，NXP 给出的集成电路 NFC PN532 的操作说明书中呈现了在不同的发生器模式下的曲线 $P = f(R)$（如图 3.3 所示）。这个曲线是对称的，指出了两件事情：

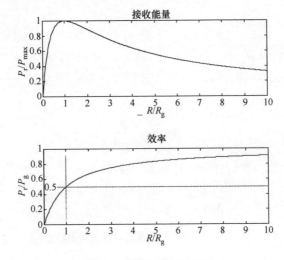

图 3.2　能量与效率的关系

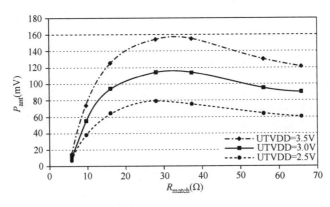

图 3.3　曲线 $P = f(R)$

1）在产生最大磁场强度 H_max 时，最优的 $R\_match\_differential$ 数值为 $35 \sim 40\Omega$。

2）如同我们从曲线中看出来的，最大功率区域是相当扁平的，当我们接近"匹配"阻抗时我们并没有损失太多的能量。因此，当使用相同功率的供给电压时，内部阻抗 R_ic_out 与负载阻抗越匹配，电流越小，需要从供给端得到的能量越小。因此，假如我们想要最优化集成电路从直流电源获得能量，获得需要的 H_max 值时，$R\_match\_differential$ 应该接近 $60 \sim 70\Omega$。

因此，当制造商不能够知道终端用户到底是什么样的需求，他们一般要求匹配电阻 $R\_match\_differential = \sim 50\Omega$。

2. 稍微强一点

从表中可知，我们在正弦发生器这一块做更多的研究，在串联电路增加两个电阻，使 $R\_gene\_out = R\_load$ 与原有的串联网络类型 LC（$R\_L = 0$）一致，使后续的电路与事故频率调谐。

图3.4和后续指出，例如，使用安捷伦的"ADS"仿真器，位于13.56MHz，例如，$L = 1\mu H$，$C = 137.6 pF$，我们使用了正弦电压和参考电压$1V\_p$，例如：$2V\_pp$。

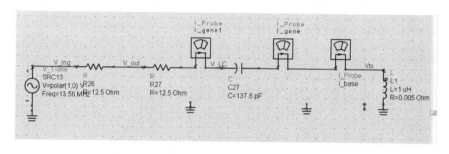

图3.4 使用安捷伦科技"ADS"进行的仿真

(彩色版见 www. iste. co. uk/paret/antenna. zip)

如图3.5a ~ 图3.5c所示，仍然应用正弦波，只是在那个频率下，串联LC电路终端的电压$V\_LC = 0$（见图3.5c），总体的电路等同于上述两个串联电阻，所以在架构建立时$V\_out = V\_in/2$（见图3.5b）。

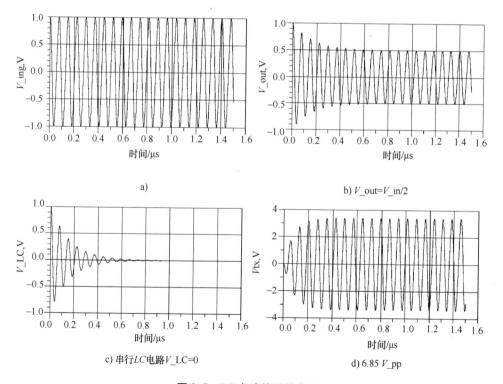

a)

b) $V\_out = V\_in/2$

c) 串行LC电路$V\_LC = 0$

d) $6.85 V\_pp$

图3.5 LC电路终端的电压

例子：当 $R\_gene = 12.5\Omega$

$Q = L\omega/R = 1 \times 85.72/(12.5 + 12.5) = 3.428$；

$V\_tx = Q\ V\_in = V\_in \times L\omega/(R + R) = 6.85V\_pp$（见图 3.5d），在例子中（因为 $V\_in = 2V\_pp$）；

$I = 2V\_pp/25\Omega = 80mA\_pp$（即 28.2$mA\_rms$）。

3. 更强一点

一旦我们确定了在上述步骤中，已经成功在工作频率上对于 LC 电路进行了调谐，我们现在利用相同频率和峰峰值 V_ing 的方波发生器。在以下新的例子中，我们选择了电感 $L = 2\mu H$（例如，电感为 $C = 68.9pF$ 去保持相同的调谐），源发送没有负载的信号 $V\_ing = 3.3V\_pp$（在 $0 \sim 3.3V$ 之间）。为什么是最新的值？因为在单端型的整体中，$V\_batt = 3.3V$ 的电压值给出了一个传统供电的模式的集成电路，如图 3.6 所示。

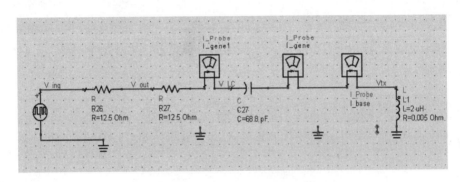

图 3.6　使用安捷伦科技 "ADS 的仿真

（彩色版见 www. iste. co. uk/paret/antenna. zip）

（1）电路中的电流值是多少？

如果串联电路（LC）是短路电路在频谱中的所有频率下，电阻器中计算得到的电流将是一个完美的方形波，其峰峰值是：

$$I\_pp = V\_batt/(R\_int + R\_load)$$

或者：

$$I\_p = V\_batt/2(R\_int + R\_load)$$

不幸的是，电路 LC（$-12dB$ 的二阶滤波器）在 13.56MHz 的时有无穷的频率选择，在某个频率上，总体的 RLC 网络的总体阻抗（$R + jX$）是电阻性的（R 是实部，$X = 0$）。在别的频率上，阻抗值是完全不同的，L、C 网络并不能代表真实的带通滤波器，所以：

——方波给定的光谱含量，每条谐波都将收到深刻的影响；

——由于调谐到 13.56MHz 的 LC 电路的选择性，大部分来说，它只能允许通过承载方波的基本频率的电流通过，根据叠加原理，我们可以通过对于信号进行傅里叶分解。在我们的情境中，我们可以单独考虑 $N=1$ 时的基本部分，我们可以得到正确的因子 $4/\pi = 1.274\cdots$，大于 1。AC 电源端的输出将会呈现一个正弦的形状（包含很少的信号通过调谐电路分解出的第一谐波）。

提醒：根据事件源的选择性，输出阶段（集成电路）由发生器产生的方波的傅里叶级数分解如下：

$$E_{TX1} = \frac{E_0}{2} + E_0 \frac{4}{\pi} \left\{ \cos(\omega t) + \frac{1}{3}\cos(3\omega t) + \frac{1}{5}\cos(\omega t) + \cdots \right\}_c$$

第 N 匝的波谱成分峰值为

$$E_{TXN} = \frac{4}{\pi N} E_0$$

例子：在目前的例子中，当匹配负载电阻为 12.5Ω（因此，当 $R\_in = R\_load$ 时，负载能够得到最多的功率），集成电路的输出电流 $I\_out\_pp\_max$ 的峰峰值为（假设滤波器仅能允许正弦波的基本频率通过）：

$$I\_out\_pp = (4/\pi) \times (V\_batt/(R\_int + R\_load\_match))$$

峰值电流 $I\_out\_p\_max$ 将会降为一半（如图 3.7）：

$$I\_out\_p = (4/\pi) \times (V\_batt/2/(R\_int + R\_load\_match))$$
$$= (4/\pi) \times (3.3/2/(12.5 + 12.5))$$
$$= 84.08 \text{mA\_p}$$

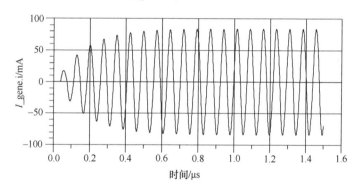

图 3.7　电流峰值 $I\_out\_p\_max$

（2）集成电路的输出电压是多少？

电压 V_out（例如从集成电路输出端能够实际获得的电压），与预料相反，并不只是简单的幅度为 $V\_ing/2$ 的方波（非负载幅度的一半值，如 $3.3V\_pp$，因为负载是匹配的），而是"不可预测的"信号，因为整个 RLC 网络实际上搭建了一个针对方波信号所有谱带的带通滤波器，但是其平均峰 – 峰值认为众所周知的 $V\_ing/2 = 3.3/2 = 1.65 \text{Vpp}$，如图 3.8 所示。

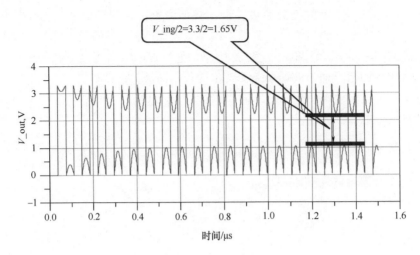

图 3.8　*V_out* 电压

（3）*LC* 电路终端的电压是多少？

读者可能会觉得电压是恒定的，可能等于 0，正如以前的例子一样。然而，情况并不是这样的，尽管电压的平均值为 1.65V，瞬时值却不是这样的。我们所能观测到的是 *LC* 电路过滤后的残留的方波的高阶 $1/N$ 的谐波分量，但是它只是在 13.56MHz 的基本频率进行了调谐（如图 3.9 所示），终端电感 *L* 的电压（如图 3.10 所示）。

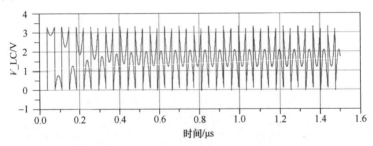

图 3.9　整个 *LC* 电路终端的电压

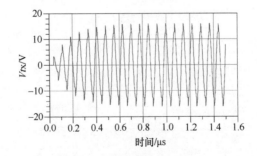

图 3.10　终端电感 *L* 的电压

结论很简单：$VL\_rms = (L\omega \times I\_rms)$。

3.2.3 集成电路的选择

假设出于实用性、费用等的考虑，我么选择了集成电路。例如，NXP 的 PN532 电路。数据表单如下：

——电池供电电压（V_bat）：2.7~5V；

——电池正常供电电压：3.4V（一般供电电压 $V\_bat = 3.3V$）；

——消耗在 $V\_bat = 3.4V$ 直流电压：ITVDD 转换器提供了连续的电流：典型值为 60mA，最大值为 100mA，标记为：使用充足的驱动配置和位于 13.56MHz 的在 TX1 和 TX2 匹配到 40Ω 的天线达到的特定值。

另外，对于相同的电路的 AN1445 使用说明书使用如下所示的"拓扑 1"（传统的"对称的"攻击或者"共模干扰模式"）。正如我们在下个部分所见，这个安装类型对于负载的功率传输很有益。

让我们简要地说明这些程序初始设置的不同。

1. "单端型"输出

在"单端型"的输出情况下（Ant1 和 Ant2 是一起的，如图 3.11 所示），应用到天线网络中的方波电压 V_out_pp 不能比电路供应电压 V_b 更大，集成电路的输出阻抗有一个确定的"$R\_int\_single\text{-}ended$"值。

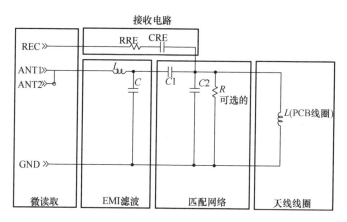

图 3.11 "单端型"输出

与 $R\_int\_single\text{-}end$ 匹配的负载上的功率的均方误差为

$$P\_single\text{-}ended = ((4/\pi \times Vb/2)/\sqrt{2}/2)^2/R\_int\_single\text{-}ended$$
$$= (Vb^2/2\pi^2)/R\_int\_single\text{-}ended$$

当然，在发生器中也消耗了同样的能量。

2. "差分模式"的输出

在对称输出的初始设置中（不同的模式，如图 3.12 所示，也就是 Ant 1 和 Ant

2 之间），两个内部的输出 Ant1 和 Ant2 按照所谓的"H 桥"进行操作。

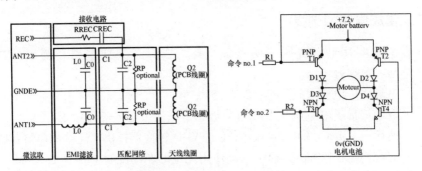

图 3.12 "差分模式"的输出

这让我们对于初始设置中的峰-峰值电压加倍（例如获得等于电路供电电压的两倍的应用于整个网络的电压 V_out_pp），自然，内部阻抗为两倍于差分模式下的阻抗 $2R\_int\_single\text{-}ended$，而不是单端口模式下的 $R\_int\_single\text{-}ended$。

匹配负载等于 $2R\_int\_single\text{-}ended$ 时在差分模式下的可用功率的均方误差，因此：

$$P\_differential = ((4/\pi \times Vb)/\sqrt{2}/2)^2/2R\_int\_single\text{-}ended$$
$$= (Vb^2/\pi^2)/R\_int\_single\text{-}ended$$

是 $P\_single\text{-}ended$ 上的两倍。

自然，发生器上也消耗了相同的能量。

提示：除非滤波器（和匹配部分）的费用加倍，初始设置体现了两个优点。

1）可用功率加倍，如上所述，因此对于工作距离提供了增加的空间；

2）将集合当做一个参考的潜力，初始设置呈现了在天线线圈末端的电场 E 的对称辐射模式，没有改变由线圈产生的，应用又需求的磁场强度 H，又避免了 EMC 污染的直接影响，如图 3.13 所示。

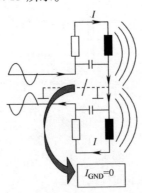

图 3.13 对称的磁场 E 的辐射分布

3. 结论

方框 3.1　"单端型"和"差分模式"初始设置总结

单端型的安装

单端型的内部阻抗为 $R\_int\_single\text{-}ended$

$I\_out\_p\_rms = [(4/\pi) \times (V\_batt/2/(R\_int\_single\text{-}ended + R\_load\_match)))]/\sqrt{2}$

又有 $R\_load\_match = R\_int\_single\text{-}ended$：

$I\_single\text{-}ended\_rms = (4/\pi) \times [(V\_batt/2/(2R\_int\_single\text{-}ended))]/\sqrt{2}$

$I\_single\text{-}ended\_rms = (V\_batt/R\_int\_single\text{-}ended)/(\pi\sqrt{2})$

本质上，无论何种应用，只要负载匹配：

$R\_load = R\_in\_single\text{-}ended$，$X = 0$（13.56MHz 时）

电路的输出总是与同样的电路均方值相同。

在负载电阻 $R\_load\_match = R\_int\_single\text{-}ended$ 上的功率等于：

$P\_rms\_single\text{-}ended = R\_int\ I\_single\text{-}ended\_rms^2 = R\_int$

$[(V\_batt/R\_int\_single\text{-}ended)/\pi\sqrt{2}]^2$

$P\_rms\_single\text{-}ended = V\_batt^2/(2\pi^2 R\_int\_single\text{-}ended)$

差动/对称的初始设置

差动震荡器的内部阻抗 $R\_int\_differential = 2R\_int\_single\text{-}ended$

$I\_out\_p\_rms = [(4/\pi) \times (V\_batt/(R\_int\_differential + R\_load\_match\_differential)))]/\sqrt{2}$

又有 $R\_load\_match\_differential = R\_int\_differential = 2R\_int\_single\text{-}ended$：

$I\_differential\_rms = (4/\pi) \times [(V\_batt/(2R\_int\_differential))]/\sqrt{2}$

$I\_differential\_rms = (V\_batt/R\_int\_single\text{-}ended)/(\pi\sqrt{2})$

$I\_differential\_rms = I\_single\text{-}ended\_rms$

本质上，无论何种应用，只要负载匹配：

在 13.56MHz，设置 $R\_load\_differential = R\_int\_differential$ 和 $X = 0$

电路的输出总是与同样的电路均方值相同。

在负载电阻 $R\_load\_match = R\_int\_single\text{-}ended$ 上的功率等于：

$P\_differential\_rms = R\_int\_differential$

$I\_differential\_rms^2 = R\_int\_differential[(V\_batt/R\_int\_single\text{-}ended)/\pi\sqrt{2}]^2$

或 $R\_int\_differential = 2R\_int\_single\text{-}ended$

$P\_differential\_rms = 2R\_int\_single\text{-}ended[(V\_batt/R\_int\_single\text{-}ended)/\pi\sqrt{2}]^2$

$P\_differential\_rms = V\_batt^2/(\pi^2 R\_int\_single\text{-}ended)$

$P\_differential\_rms = 2P\_asm\_rms$

方框 3.2 "单端型"和"差分模式"初始设置示例

NXP 的 PN 532 电路示例：

$V\_batt = 3.3V$

在匹配的情况下：

单端模式

$V\_out\_pp = 3.3V$

$R\_match\_single\text{-}ended = 17.5\Omega$

$I\_rms = 42.4mA\_rms$

$P = 31.55mW$

差分模式

$V\_out\_pp = 6.6V$

$R\_match\_differential = 35\Omega$

$I\_rms = 42.4mA\_rms$

$P = 63.11mW$

3.2.4 法律约束方面与 EMC 污染

在射频应用中，最重要的原则是遵守国家和国际组织在辐射和射频污染部分所做的规定。必须要记住，为了能出口到美国，联邦通信委员会（FCC）47 第 15 部分与欧洲的欧洲远程通信标准协会（ETSI）300 330 是一致的。

让我们进行更仔细的研究。

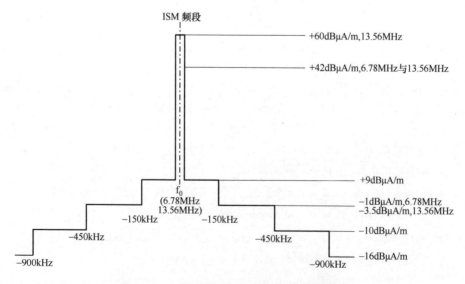

图 3.14 ETSI 300 330 的附录 L 的光谱图样

在 13.56MHz 下，规定指出 ETSI 300 330 的附录 L 有关光谱模式的规定必须要遵守。

在 13.56MHz 的载频最优 +／-7kHz 范围内，我们是很容易调节的：我们简单地将石英晶体放在应用中。

最难的事情是限制（降至 60dB）高阶的单模谐波水平（由方波发生器产生，由在使用中的集成电路产生），将会落至射频频段（通常 $N = 13 = 176.28\text{MHz}$，在 $N = 27 = 366.12\text{MHz}$ 时）。

出于这个原因，我们会使用滤波器。

3.2.5　EMC 滤波

1. 滤波电路

为了满足上述所有的规定，在设计信号发生器与最终天线电路之间的负载匹配电路之前，需要插入一个低通滤波器（出于简单和费用的考虑，仅为 LC 电路，如图 3.15 所示），从而滤除包含在输出信号中的谐波分量，在 13.56MHz 时，谐波分量只包含奇数谐波 3、5、7、9 等。

滤波电路有两个功能：

1）信号的滤波装置，如上所述；

2）阻抗转换器，如上述部分所述，第二目标是在相位调制（在读卡器模式时）以后，减少上升时间和增加接收带宽。

注意事项：滤波器的主要问题是它必须是可实现的和可复制的。这意味着 L_o 和 C_o 的值不能是过低，从而阻止寄生效应（容量）。例如：$L_o = 270\text{nH} \sim 2\mu\text{H}$。

一般来说，在具体条件下，为了实现这个滤波器，我们在安装中使用了差分拓扑，如图 3.16 所示，通过在物理上使用上述电感值将上述电感 L_o 分成两个电感（这样，我们将会有 $L_o = 2L$ 的电感，因为是串联电路），将电容 C 分成两个串联的电容（串联的总体电容是 $C_o/2$），然而并不改变以前的匹配计算结果，因为 $2L \times C/2 = L_o C_o$。

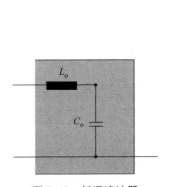

图 3.15　低通滤波器

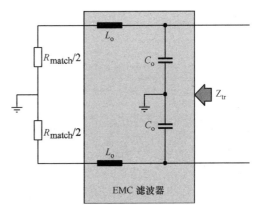

图 3.16　差分装置的滤波器

需要注意的是电感应该禁得起上面估计的均方误差的电流值的通过（例如：最大的磁场强度为 60 ~ 80mA_rms）。

2. 滤波器的调谐频率

很明显，滤波器的带宽需要能够满足，它可以允许发起者传输的信号的最高频率通过，从而在最大程度上去除谐波。

出于这个原因，我们可以选择调谐低通滤波器，使其至少能够通过载频的基本频率（位于 13.56MHz 的方波信号），增加基本频率的子载频的最高值——即上边带（叠加在载频上最大吞吐量为 848kbit/s 的方波信号），最小频率为 14608MHz。这个值一般会提升到 15.5 ~ 17MHz。

例子：二阶滤波器的截断频率为 $f = 1/2\pi\sqrt{LC}$。在这个部分：

NXP 要求：$f = 13.56\text{MHz}$；$L_o = 1\mu\text{H}$；$C_o = 136\text{pF}$

$$f = 15.5\text{MHz}；L_o = 560\text{nH}；C_o = 180\text{pF}$$

内部安全要求：$f = 14.4\text{MHz}$；$L_o = 220\text{nH}$；$C_o = 560\text{pF}$

等等。

但是就阻抗匹配而言，一样的并不一定是对的。

因此，在上述安装过程中，滤波器的输出阻抗等式 Z_out_filter（滤波器的输出阻抗，两个部分（$R + L_o$）位于串联电路中，与 C_o 类似）是一个像（$a + jb$）的变量。另外，（$a + jb$）的 b 部分不能值为 0，因为滤波器并不与载波调谐。让我们用等式来表示：

$$Z\_out\_filter = \frac{(R + jL_o\omega) \times \dfrac{1}{jC_o\omega}}{(R + jL_o\omega) + \dfrac{1}{jC_o\omega}} = (a + jb)$$

$$Z\_out\_filter = \frac{(R + jL_o\omega)}{(1 - L_oC_o\omega^2) + (jRC_o\omega)} = (a + jb)$$

由于分母的共轭，我们可以将顶部和底部的的等式相乘。通过此，我们可以得到最后的等式：

$$Z\_out\_filter = \frac{R}{(1 - L_oC_o\omega^2)^2 + (RC_o\omega)^2} + j\omega\frac{L_o(1 - L_oC_o\omega^2) - R^2C_o}{(1 - L_oC_o\omega^2)^2 + (RC_o\omega)^2} = (a + jb)$$

让我们确定这些参数，一次一个（通过设定在差分安装的过程中，设定 $R = \dfrac{R_{match}}{2}$）。由此，我们可以得到：

$$R_{tr} = \frac{R_{match}}{(1 - \omega^2 \cdot L_o \cdot C_o)^2 + \left(\omega \cdot \dfrac{R_{match}}{2} \cdot C_o\right)^2}$$

$$X_{tr} = 2 \cdot \omega \cdot \frac{L_o \cdot (1 - \omega^2 \cdot L_o \cdot C_o) - \dfrac{R_{match}^2}{4} \cdot C_o}{(1 - \omega^2 \cdot L_o \cdot C_o)^2 + \left(\omega \cdot \dfrac{R_{match}}{2} \cdot C_o\right)^2}$$

自然，我们希望能够将最大可能的功率传输到最终的负载上（天线）。为了这么做，我们需要使阻抗 $Z = R + jX$ 与共轭电阻 $Z^* = R - jX$ 耦合，去除虚部（如图 3.17 所示）。这是匹配电路的主要目的，我们后续将会进行检测。

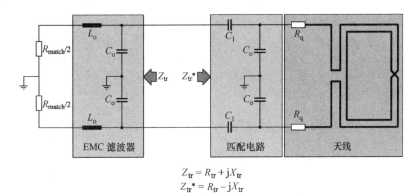

$$Z_{tr} = R_{tr} + jX_{tr}$$
$$Z_{tr}^* = R_{tr} - jX_{tr}$$

图 3.17　匹配电路

3. 将最大瓦特功率传输到负载 R_p 的条件

这里，我们讨论同一个问题的另一个重要方面。在滤波器 L_o，C_o 可以承受范围内，我们定义了阻抗 R_p 作为等效电阻负载，它与电容 C_o 并联，如图 3.18 所示。

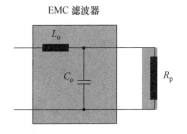

图 3.18　等效纯电阻负载

（1）阻抗 Z_in_filter 的计算

让我们计算由与 L_o 与 C_o 串联，与 R_p 并联的整个电路的输入阻抗 Z_in_filter。为了做到这些，我们用传统的转换公式，将串联电路变为并联电路，反之亦然。我们将并联网络（C_o，R_p）转换为串联网络（R_s，C_s）。我们可以遵循以下参数：

$$Q_p = R_p C_o \omega$$

$$R_s = \frac{R_p}{1 + Q_p^2}$$

$$C_s = C_o \frac{1 + Q_p^2}{Q_p^2}$$

因此：

$$Z\_\mathrm{in}\_\mathrm{filter} = R_\mathrm{s} + \mathrm{j}\left(L_\mathrm{o}\omega - \frac{1}{C_\mathrm{s}\omega}\right)$$

关于在 13.56MHz 下的集成电路（发生器）的输出阻抗 $R\_\mathrm{ic}\_\mathrm{out}$，为了将最大功率传输给新的阻抗 R_p，整个 L_o 与 C_o 串联然后与 R_p 并联的电路的阻抗 $Z\_\mathrm{in}\_\mathrm{filter} = a + \mathrm{j}b$ 如下（如常）：

首先，为了让负载 R_p 得到最大的功率，输入阻抗 $Z\_\mathrm{in}\_\mathrm{filter}$ 必须为实数，因为它表现的就像一个纯电阻，它的虚部必须为 0。这意味着滤波器 L_o，C_s 必须在操作频率上调谐（意味着滤波器适用于系统，但是并不是总是），所以：

$$L_\mathrm{o}C_\mathrm{s}\omega^2 = 1$$

因此：

$$C_\mathrm{s} = 1/L_\mathrm{o}\omega^2$$

在这种情况下：

$$Z\_\mathrm{in}\_\mathrm{filter} = R_\mathrm{s}$$

接着，值 "a" $= R_\mathrm{s}$；

最后，发生器与负载的匹配条件必须满足，换句话说，滤波器的等效串联阻抗 R_s 必须等于发生器的输出内部阻抗 $R\_\mathrm{ic}\_\mathrm{out}$：

$$R_\mathrm{s} = R\_\mathrm{ic}\_\mathrm{out} = \frac{R_\mathrm{p}}{1 + R_\mathrm{p}^2 C_\mathrm{o}^2 \omega^2} = \frac{R_\mathrm{p}}{1 + Q_\mathrm{p}^2}$$

或者：

$$R_\mathrm{p} = (1 + Q_\mathrm{p}^2)R\_\mathrm{ic}\_\mathrm{out}$$

已经定义：

$$Q_\mathrm{p} = R_\mathrm{p}C_\mathrm{o}\omega$$
$$= \left[R_\mathrm{s}(1 + Q_\mathrm{p}^2)\right]\left[C_\mathrm{s}Q_\mathrm{p}^2/(1 + Q_\mathrm{p}^2)\right]\omega$$

因此：

$$1 = R_\mathrm{s}C_\mathrm{s}Q_\mathrm{p}\omega$$
$$Q_\mathrm{p} = 1/(R_\mathrm{s}C_\mathrm{s}\omega)$$

将 $C_\mathrm{s} = 1/L_\mathrm{o}\omega^2$ 代入（我们已经将其与工作频率调谐），我们发现：

$$Q_\mathrm{p} = L_\mathrm{o}\omega/R_\mathrm{s}$$

有

$$R_\mathrm{p} = \left[1 + Q_\mathrm{p}^2\right]R\_\mathrm{ic}\_\mathrm{out} = \left[1 + \left(\frac{L_\mathrm{o}\omega}{R\_\mathrm{ic}\_\mathrm{out}}\right)^2\right]R\_\mathrm{ic}\_\mathrm{out}$$

【例3.1】　集成电路 PN 532 NXP 和差分初始设置

$f \qquad\qquad = 13.56\text{MHz}$

$R\_ic\_out \qquad = 35\Omega$

$L_o \qquad\qquad = 2\mu H \rightarrow \qquad C_s = 1/L_o\omega^2 = 69\text{pF}$

$$R_p = \text{above} = 863\Omega$$

$$Q_p = \sqrt{(R_p/R\_ic\_out - 1)} = 4.86$$

$$C_o = C_s Q_p^2/(1 + Q_p^2) = 66.16\text{pF}$$

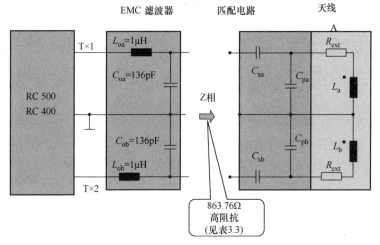

图 3.19　例子

【例3.2】　见表3.3。

表 3.3　例子

示例			Inside 单端设置	NXP 差分设置 (见图3.17)
假设	公式			
Working_freq		MHz	13.56	13.56
ω	$= 2\pi f$	rad/s	85.16	85.16
R_ic_out		Ω	12.5	35
R_s	$= R\_ic\_out$	Ω	12.5	35
所选 L_o 值		μH	0.22	2	在串行中为 $2 \times 1\mu H$
Freq_cutoff		MHz	13.56	13.56
13.56MHz 下的 C_s		pF	626.81	68.95

（续）

示例			Inside 单端设置	NXP 差分设置（见图 3.17）
解				
Q_p	$=1/(R_sC_s\omega)$		1.50	4.87
Q_p^2			2.25	23.68
$1+Q_p^2$			3.25	24.68
C_o	$=C_sQ_p^2/(1+Q_p^2)$	pF	433.73	66.16　在串行中为 $2\times130\mathrm{pF}$
R_p	$=R_s(1+Q_p^2)$	Ω	40.58 低	863.76 高

（2）滤波 LC 电路的仿真（$R\_ic\_out = 12.5\Omega$-单端）

使用了表 3.3 中的值（单端 12.5Ω），图 3.20 ~ 图 3.22 显示了仿真的结果。

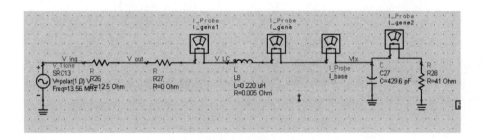

图 3.20　仿真图

（彩色版见 www. iste. co. uk/paret/antenna. zip）

电路是完美匹配的 $R\_int = (R\_apparent = R\_in)$，所以 $V\_out = V\_in/2$。

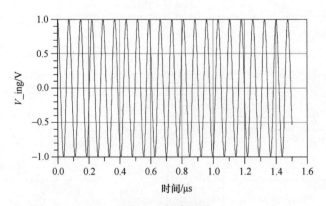

图 3.21　仿真结果

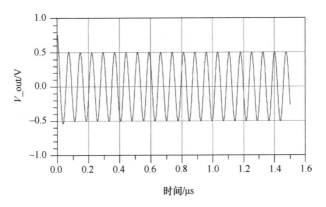

图 3.21 仿真结果（续）

电路 $I\_gene1 = V\_gene/(R\_int + (R\_apparent = R\_in)) = 1Vpp/(12.5 + 12.5) = 40mA$。

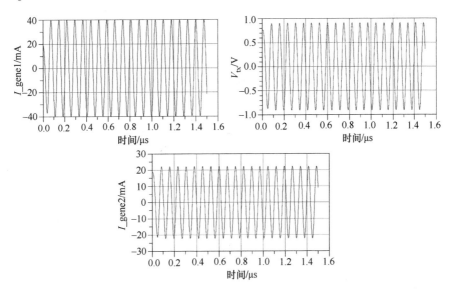

图 3.22 仿真结果

4. 流过电阻 R_p 的电流

对于下一步要进行的工作而言，知道在负载 R_p 中流过的电流是很重要的。另外，电容 C_o、电阻 R_p、电感 L 组成的分桥，构成的电压比为

$$\frac{V\_(R_p//C_o)}{V\_network} = \frac{[Z(C_o)//Z(R_p)]}{Z(L_o) + [Z(C_o)//Z(R_p)]}$$

$$= \frac{R_p}{(R_p - L_o R_p C_o \omega^2) + jL_o\omega}$$

然而，为了让 $Z\_in\_filter = R\_ic\_out$，我们必须要有 $L_o C_s \omega^2 = 1$，有

$$C_s = C_o \frac{1+Q_p^2}{Q_p^2} \text{则} C_o = C_s \frac{Q_p^2}{1+Q_p^2}$$

得到：

$$C_o = \frac{R_p}{\dfrac{R_p}{1+Q_p^2} + jL_o\omega}$$

另外：

$$Q_p = R_p C_o \omega$$

$$L_o C_s \omega^2 = 1 \rightarrow L_o \omega = 1/C_s \omega$$

$$C_s = C_o \frac{1+Q_p^2}{Q_p^2}$$

$$1/C_s\omega = \frac{Q_p^2}{C_o\omega(1+Q_p^2)} = L_o\omega$$

上式化为

$$\frac{R_p}{\dfrac{R_p}{1+Q_p^2} + j\dfrac{Q_p^2}{C_o\omega(1+Q_p^2)}}$$

$$= \frac{Q_p(1+Q_p^2)}{Q_p + jQ_p^2}$$

$$= 1 - jQ_p$$

化为系数：

$$= \sqrt{(Q_p^2+1)} = \sqrt{(Q_s^2+1)}$$

通过设定 V_gene 与基于 13.56MHz 的方波发生器得出正弦波无负载电压的均方值相等，例如：

$$V\_gene\_rms = (V\_batt/2 \times 4/\pi)/\sqrt{2}$$

另外，阻抗已经匹配了，输入到网络的电压等于发生器无负载的电压的一半 $\left(V\_network = \frac{1}{2}V\_gene\right)$，所以：

$$V\_Rp\_rms = \left(\frac{1}{2}V\_gene\right) \times \left(\sqrt{(Q_s^2+1)}\right)$$

因此，我们知道 V_Rp 了，我们可以得出 R_p 中的电流 I_Rp：

$$I\_Rp\_rms = V\_Rp\_rms/R_p$$

$$I\_Rp\_rms = \left(\frac{1}{2}V\_gene\right) \times \left(\sqrt{(Q_s^2+1)}\right)/R_p$$

5. 消耗在电阻 R_p 上的功率

在匹配中，传输到 R_p 上的功率为

$$P\_Rp\_rms = V\_Rp\_rms^2/R_p$$

$$P\_Rp\_rms = \left[\frac{1}{4}V\_gene^2 \times (Q_s^2 + 1)\right]/R_p$$

因此：

$$P\_Rp\_rms = \left[\frac{1}{4}\left[(V\_batt/2 \times 4/\pi)/\sqrt{2}\right]^2 \times (Q_s^2 + 1)\right]/R_p$$

$$P\_Rp\_rms = ((V\_batt^2/2\pi^2) \times (Q_s^2 + 1))/R_p$$

另外，一旦匹配，负载源阻抗必须严格的与电阻 $R\_int = R\_ic\_out$ 上消耗的功率相等，它的值为

$$
\begin{aligned}
P\_R\_int\_rms &= R\_int \times I\_rms^2 \\
&= R\_int \times ((V\_batt/R\_int)/\pi\sqrt{2})^2 \\
&= V\_batt^2/(2\pi^2 R\_int)
\end{aligned}
$$

不同的：

$$
\begin{aligned}
P\_R\_int\_rms &= V\_batt^2/(2\pi^2 R\_int) = P\_Rp\_rms \\
&= ((V\_batt^2/2\pi^2)] \times (Q_s^2 + 1))/R_p
\end{aligned}
$$

因此，

$$V\_batt^2/(2\pi^2 R\_int) = ((V\_batt^2/2\pi^2)] \times (Q_s^2 + 1))/R_p$$

$$1/(R\_int) = (Q_s^2 + 1)/R_p$$

这意味着,在匹配的过程中,阻抗 R_p 和 R_int 必须等于：

$$R_p = R\_int(Q_s^2 + 1)$$

"EMC 滤波器"电路的总体概述

表 3.4 总体概述

示例			Inside	NXP
			单端	差分
假设				
Ω		rad/s		
V_batt		V_dc	3.3	6.6	桥设置
R_ic_out		Ω	12.5	35
$R_s = R\_ic\_out$		Ω	12.5	35
所选 L_o 值		μH	0.220	2
13.56MHz 下的 C_s		pF	618.1	68.95
解				
Q_p	$1/(R_s C_s \omega)$		1.5	2.87
Q_p^2			2.28	23.68
$1 + Q_p^2$			3.28	24.68

（续）

示例			Inside	NXP	
			单端	差分	
假设					
R_p	$R_s(1+Q_p^2)$	Ω	41	863.76	
C_o	$C_s(Q_p^2/1+Q^2)$	pF	429.6	66.16	
		见上文中的仿真曲线			
V_gene_no_load	$(V\_batt/2\times4/\pi)/\sqrt{2}$	V_rms	1.486	2.973	方波转置正弦均方根
V_network	$\frac{1}{2}V\_gene$	V_rms	0.743	1.486	
$\sqrt{(Q_p^2+1)}$			1.81	4.967	
V_Rp_rms	$\frac{1}{2}V\_gene\sqrt{(Q_p^2+1)}$	V_rms	1.345	7.38	
I_Rp_rms	V_Rp_rms/R_p	mA_rms	32.8	8.545	
P_Rp_rms	$VI=R_p\times I\_Rp\_rms^2$	mW_rms	44	63	传输到 R_p 上的最大功率

重要提示——总结如下，上述所有的 EMC 滤波器部分只有当发起者集成电路输出端发送方波信号作为输出时才有效。假如输出只是在 13.56MHz 的正弦信号时，所有的部分（计算 LC 部分）都可以被避免。在降低开支和体积的考虑下，我们可以在集成电路输出之前，在 13.56MHz 的频率上，利用模拟转换器对于方波进行取样，放置一个电路将方波信号转换为纯粹的正弦信号。如我们所知，在这种情况下，为了在负载上得到相似的功率，需要有一个 4/π 的电压超前，补偿傅里叶分解得到的第一谐波的缺乏。

3.2.6　接收者的选择和其阈值 *H_threshold*

1. 由发起者天线产生的场强 *H* 的估计值

在第 2 章中，我们给出了由发起者产生的磁场强度 $H(a,r)$ 合理化的理论等式（Biot-Savart 定律）：

$$H(a,r)=\frac{1}{[(1+a^2)^{3/2}]}\times H(0,r)$$

式中　*d* 是发起者与标签天线的距离；

r 是发起者天线的半径；

$d=(a\times r)$。

鉴于这个等式，让我们看看如何满足给定接收者的应用条件。

2. 特定接收者的应用例子

假设接收者场强 *H_thres_worst_case* 的阈值 *H_thres* = 1A/m，发起者天线为

$19cm \times 19cm$ 的正方形，等价于半径 $r = 10.72cm$。

对于接收者，工作距离 $d = 30mm$；

"a" $= d/r = 30/107.2$　$a = 0.28$。

我们推断得到：

$$d \qquad a \qquad H\_d/H\_0$$
$$0.28 \qquad \sim 0.8$$

这表明为了在 $3cm$ 内能够写入，在发起者线圈的中心，我们需要让磁场强度至少满足 $H\_0 = 1.25A/m$，与 ISO 14443 和 ISO 18092 一致。

一般例子：表 3.5 非常重要，每一个设计者在着手他自己的设计之前都要起草一个相似的表格。它总体和清晰地表明，对于一个给定天线尺寸，在阈值场强 $H\_threshold$ 是给定的情况下，为了跟接收者标签达到需要的距离 d，发起者要能够提供最小场强 H_0_min。在这个例子中，NFC 发射所需要的最小值是 $1.5A/m$，这跟 NFC 标准 ISO 18092 是一致的，与非接触智能卡标准 ISO 14443-2 也是一致的。

提示：此外，表 3.5 右边的两列显示了对于 PCD 同样的计算，与作为参考的 ISO 10373-6 标准保持一致。

表 3.5　为了距离 d 发起者所产生的最小场强 H_0_min

		单位	符号	值				
				例1	例2	例3	PCD ISO	PCD ISO
天线	圆形天线	mm	圆形				75	75
	外部格式	mm	矩形	50×10				
	内部格式	mm		45×8				
	表面	mm^2	s	500			17662.5	17662.5
	等效半径	mm	r	12.6	12.6	12.6	75	75
操作距离	想得到的	mm	d	12.6	37.3	50	50	100
场强 H	$H\_thres\_worstcase$	A/m	H_thres $= H(d)$	1.5	1.5	1.5	1.5	1.5
	d/r		$= a$	1	3	3.96	0.666	1.33
	H_d/H_0			0.354	0.0316	0.0143	0.705	0.318
	要求的 H_0_min	A/m	H_0_min	4.24	47.47	104.90	2.21	4.72

3.2.7　发起者天线的电感值的确定

1. 发起者天线中的最大电流值

为了满足接收者应用在合适的距离中所需要的磁场中的电磁场强度（A/m 或者 μT），需要去产生与 N（天线的匝数），I_ant（在天线线圈中的电流）和 r（等效半径）有直接联系的场强 H。天线中心的场强值：

$$H\_0 = (N \times I\_ant)/2r$$

发起者天线中的最大电流值 I_ant 仅仅依靠于应用以及天线初始设置中的集成电路的可能的功率分配。

总之，首先，对于给定的场强 H，我们在选择依靠于可用部件和解决方案的 N、I_ant 和 r 是自由的。另外，这三个参数是一个与另一个相关联的，首先，天线的电感值（$L = f$ （N 和 r）），其次，经由它的欧姆阻抗 R_s 的天线的品质因数 Q_s，其 $Q_s = (L\omega)/R_s$，为了能正常工作，其应用要求一个确切的值（见 ISO 标准）。再次，R_s 本身依靠于 N 和 r。总之，每件事都是与每件事相联系的。

另外，在共振的情况下，天线电路 R_s、L、C 可视为一个纯电阻，因此消耗在 R_s 上的由发起者提供的（根据上述所有的匹配网络，只是电抗的，不消耗能量）有效功率 P（瓦特）为

$$P = R_s \times I\_ant^2$$

将第一个方程的 R_s 带入第二个方程，我们获取了有关天线电流的重要关系和其他的重要参数：

$$I\_ant = \sqrt{\left[(P \times Q_s)/(L \times \omega) \right]}$$

我们总是能够用这个方程去看待其他问题。实际上，假如我们知道我们可以拥有的最大功率——例如：发起者集成电路在匹配时能够能够传输的，我们可以估计到发起者天线 I_ant 的电流的最大值，从而为发起者天线创造一个与需要的匝数 N、需要创造磁场强度来满足应用的半径 r 相兼容的电感。

2. 总结

我们知道当匹配的时候，集成电路将为负载输送最大的功率 P_1，为

$$P_1 = V\_out\_pp^2/(2\pi^2 R\_int)$$

在给定的 Q_s 下流过有电感和整体的电阻的天线的电流为

$$I\_ant = \sqrt{(P/R_s)}$$

因此，假如我们让 $P_1 = P$，我们最终可以建立天线之间电流的联系，它是由集成电路内部阻抗和初始设置中使用的 V_pp 的函数：

$$I\_ant = \sqrt{\left[\left((V\_out\_pp^2/(2\pi^2 R\_int)) \right)/R_{1s} \right]}$$

$$I\_ant\_rms = (V\_out\_pp/\pi\sqrt{2}) \times 1/\sqrt{(R_{1s}R\_int)}$$

因此，我们已经到达了问题的核心。目前我们已经有了最大电流，下一个部分的目的是了解一些有关最大电流的隐藏点。让我们着手来看这个部分。

方框 3.3 **NXP PN 532 电路的例子**

$V\_batt = 3.3V$ 和 $f = 13.56MHz$，$\omega = 85.72 \cdot 10^6 rad/s$

$Q_1 = 35$（适用于 ISO 14443 和 ISO 18092-类型应用）

在匹配的情况下：

单端口模式：　　　　　　　　　　差分模式：

$V\_out\_pp = 3.3V$　　　　　　　$V\_out\_pp = 6.6V$

$R\_match\_single\text{-}ended = 17.5\Omega$　$R\_match\_differential = 35\Omega$

$P\_single\text{-}ended = 31.55mW$　　$P\_differential = 63.11mW$

　　　　　　　　　　　　　　　$P\_differential = 2P\_single\text{-}ended$

有 $L = 2.1\mu H$（所以 $Q = 35$ 时，$R_{1s} = 5.11\Omega$），我们得到：

$\qquad I\_ant = 79mArms \qquad I\_ant = 82.7 \times \sqrt{2}mArms \quad I\_ant = 111.2mArms$

（说来惭愧，有 20 种选择可以获得电流的正确值，而不是由滤波器得到的正确的匹配。）

在发起者线圈的中心，磁场强度的（最终想要的）值如下：
$$H\_0 = (N \times I\_ant)/2r$$

其中
$$I\_ant = \sqrt{\left[(P \times Q_s)/(L \times \omega) \right]}$$

我们得到
$$H\_0 = (N \times \sqrt{\left[(P \times Q_s)/(L \times \omega) \right]})/2r$$

对这个方程平方，我们发现：
$$H\_0^2 = (N^2 \times (\left[(P \times Q_s)/(L \times \omega) \right]))/(2r)^2$$

或者
$$L = (N^2 \times P \times Q_s)/(H\_0^2 \times (2r)^2 \times \omega)$$

其中，例如：

所需的
$$H\_0 = 1.25A/m$$
$$P_1 = 44mW$$

标准规定的品质因数 Q_1：
$$ISO\ 14443 = 35$$
$$ISO\ 15693 = 35 \sim 100$$

在 13.56MH 时，$\omega = 2 \times 3.14 \times 13.56 \times 10^6 = 85.157 \times 10^6$

因此，例如，在发起者天线的半径为 10.2cm 时：

$L_1 = (N_1^2 \times 0.044 \times 35)/(1.25^2 \times (2 \times 10.2 \cdot 10^{-2})^2 \times (2 \times 3.14 \times 13.56 \times 10^6))$

因此，$L_1 = N_1^2 \times 0.278\mu H$

总之，这意味着为了解决我们的问题，是否有机械工艺学能够得到正确的 L 和 N 对去满足这个等式呢？

这是一个好问题，这取决于作为设计者的读者。

后续将会给出具体的例子。

3. 天线设计的约束

在给定的应用的情况下，一般来说，设计者需要满足的最大表面积为 $x \text{ mm}^3$。接着，制造印制电路板的转包商设计者知道设备制造商的设备要求轨道之间最小的缝隙为 0.2mm（200μm）。

此外：

——标准的应用要求集成电路的电感在 0.4~4μH 之间。实际上，在 13.56MHz 时，NFC 设备的最大电感被限制在大概 10μH，因为最小的可重造的工业物理电容（10~15pF 就足够阻止所有的寄生电容，寄生分散和自振荡 >35MHz）和放在 μSIM 卡表面由于线圈的小尺寸导致的其最小值为 300nH。

——原则上，出于应用的原因（辐射电磁场的最小值和屏幕的同时使用），天线需要在安装简单和工业化生产的印制电路之间有一个中间点。它需要有偶数匝的线圈。

——为了产生最大的磁场强度（在相同的电流下，与线圈匝数成正比），我们选择了有大量匝数（N 为 1~6 匝）的天线，所以会有很高的电感。

——然而，NFC 是发起者与接收者需要非常接近的应用。为了降低系统的耦合系数，需要减少线圈的匝数从而减小可能的失调，从而保持合适的工作距离。性能的降低是由于当匝数在 1~4 时，匝数的减小几乎是可以忽略的。

为什么这些规范会被确立？我们将要继续讨论磁通量。

我们假设我们的设备可以工作在 13.56MHz，而且：

1）集成电路可以传输的功率 P_max 是可知的；

2）整个系统工作于匹配阻抗下；

3）由于 ISO 标准是已知的，为 $R = L\omega/Q$

$$I\_ant = \sqrt{[(P \times Q)/(L \times \omega)]}$$

磁通量等于

$$\Phi = L\, I\_ant$$

$$= L\sqrt{[(P \times Q)/(L \times \omega)]}$$

$$\Phi = \sqrt{(L)} \times \sqrt{(PQ/\omega)}$$

又有：

$$\Phi = BS$$

$$= \mu HS$$

因此：

$$\mu HS = \sqrt{(L)} \times (PQ/\omega)$$

对于给定形状的天线，从机械的维度看，整个的表面积 S 等于 Ns，因此：

$$H = \sqrt{L} \frac{\sqrt{(PQ/\omega)}}{\mu Ns}$$

天线的电感 L 等于产品的 $L_o N^p$，每一匝上有 L_o，通常指数 $p = 1.8 \sim 2$：

$$H = \sqrt{(L_o N^p)} \frac{\sqrt{(PQ/\omega)}}{N\mu s}$$

在表 3.6 中的计算总结清晰地给出了由已知的天线（格式、尺寸和电特性）的电路所能提供的最大磁场强度 H_0_max。假如我们已知已产生的最大场强，能够很容易的通过表 3.5 决定我们的特殊应用所能覆盖的（除非我们遭遇了环境问题）最大理论距离（见后续）。

提示：另外，右列概述了与参考的 PCD 中同样的标准 ISO 10373-6。

例子：

表 3.6　选中的集成电路可以产生的最大磁场强度 H_0_max

机械学：尖顶				PCD ISO
格式			矩形	圆形
宽度	A	mm	10	
长度	B	mm	50	
面积	$s = a \times b$	mm^2	500	17662.50
电学：天线				
电感	L（参见 Excel 电子表格中的计算）	μH	3.85	2.31
匝数	N		7	2.00
所选指数	P		1.8	1.80
	N^p		33.20	3.48
每匝的电感	$L_o = L/N^p$	μH	0.12	0.66
所用集成电路		NXP	CL RC	CL RC 663
	V_supply	V_{dc}	3.3	3.30
	$V\_out\ differential\ square$	V_{pp}	6.60	6.60
	$V\_out\_differential\_rms\_sine\_equi$	V_{rms}	1.49	1.49
	$R\_ic\_out\_differential$	Ω	35	35.00
	与负载匹配的 P_max	mW	63.13	63.13
应用				PCD ISO
频率	F	MHz	13.56	13.56
	ω	10^6 rad/s	85.156	85.16
磁导率	μ	10^{-7}	12.56	12.56
	负载的 Q，依照 ISO 14443		30	30.00
	$\sqrt{(L_o N^p)} = \sqrt{L}$	10^{-3}	1.96	1.52
	电路产生的 H_0_max	A/m	66.567	5.109

我们现在已经完全定义了我们的学习内容。让我们对于环形和矩形天线的理论做一个简要的概述。

3.2.8　简单天线

对工作于 13.56MHz 的电感耦合的 NFC 系统，广泛应用的针对小距离的传统天线通常是环形或者矩形的扁平线圈。

1. 扁平的圆形天线

图 3.23 所示为这种天线的一般形状。

对于二阶估计，我们可以由匝数决定的电感等式为

$$L = 2l \big[\ln(1/D) - k \big] \times (N^p)$$

$$L = L_o \times N^p$$

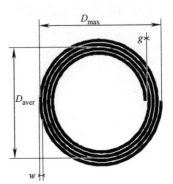

图 3.23　扁平圆形天线

考虑到线圈的机械参数，设置平均直径：

$$D\_aver = D_o - N(g + w)$$

线圈周长：

$$l = \pi D\_aver$$

$$d = 2(w + t)/\pi$$

初始设置中的这种电感值为

$$L = 2(l) \big[\ln(1/D) - 1.07 \big] \times (N^2)$$

其中 l 和 D 单位是 cm，L 是 nH。

在这些等式中：

L 是线圈中的总体电感（nH）；

L_o 是每匝的电感；

L 是周长（$= 2\pi \times r$）（cm）；

D 是印制电路板的中导体的长度或者金属线直径；

N 是线圈的匝数；

k 是校正因子，其值依赖于天线的几何形状，对于环形天线，其值在 1.07 ~ 1.26 之间（k 接近于 $\ln(\pi) = 1.144$）。

实际上，因子 k 代表着常数 C 的自然对数，其值为 $c \times \pi$。系数 c 代表针对线圈的特殊形状的矫正系数，环形天线的半径 r 远大于导线的直径 D。c 的值大概为 1（0.8 ~ 1.5 之间），取决于几何形状：

$$\ln(1/CD) = \ln(1/D) - \ln C，\text{其中} \ln C = \ln(c \times \pi) = \ln c + \ln(\pi)$$

$$\ln C = \ln c + 1.144$$

通过设置：$\ln C = k$，我们可以得到：

$$\ln(1/CD) = \ln(1/D) - k$$

例子：

——对于正方形天线，$k = 1.47 = \ln C = \ln c + 1.144$，

所以 $\ln c = 0.326 \rightarrow c = 1.385$

一对于矩形天线，$k = 1.04 = \ln C = \ln c + 1.144$

所以 $\ln c = -0.104 \rightarrow c = 0.901$

p 是完全依赖于线圈技术的指数值，完全依赖于一匝又一匝的线圈。

事实上，由于天线的线圈结构，一圈一圈的耦合不会完全耦合，最终 N^2 在理论机械结构的关系是物理上的错觉。因此，我们需要重新定义指数 p，如下：

$p = 1.8 \sim 1.9$，对于绕线的天线；

$p = 1.7 \sim 1.85$，对于风化天线；

$p = 1.5 \sim 1.75$，对于印刷天线。

$\ln$ 为自然对数

2. 扁平的矩形线圈

在看待线圈的机械参数时，对于矩形线圈/天线有关电感的等式值如下：

$$L_1 : \frac{U_0}{\pi} \times \left[a.\ln\left[\frac{2 \cdot a \cdot b}{11 \cdot (a + \sqrt{a^2 + b^2})} \right] + b.\ln\left[\frac{2 \cdot a \cdot b}{11 \times (b + \sqrt{a^2 + b^2})} \right] - \right.$$

$$\left. 2 \cdot (a + b - \sqrt{a^2 + b^2}) + \frac{a + b}{4} \right] \cdot N_1^{1.85}$$

这个等式是由 Franz Amtmann（NXP 半导体）、Sébastien Rieubon、Pascal Roux（Xerox）提出的。

图 3.24 显示了这种天线的基本形状。

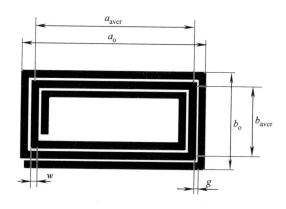

图 3.24　扁平矩形线圈

通过设置：平均长度　　$a\_aver = a_o - N(g + w)$

　　　　　平均宽度　　$b\_aver = b_o - N(g + w)$

　　　　　l　　　　$= \pi.D\_aver$

　　　　　d　　　　$= 2(w + t)/\pi$

$$x_1 = a\_aver.\ln\left[\cfrac{2a\_averb\_aver}{d\left[\,a\_aver + \sqrt{\left(a\_aver^2 + b\_aver^2\right)}\,\right]}\right]$$

$$x_2 = b\_aver.\ln\left[\cfrac{2a\_averb\_aver}{d\left[\,b\_aver + \sqrt{\left(a\_aver^2 + b\_aver^2\right)}\,\right]}\right]$$

$$x_3 = 2\left[\left(a\_aver + b\_aver\right) - \sqrt{\left(a\_aver^2 + b\_aver^2\right)}\right]$$

$$x_4 = \left(a\_aver + b\_aver\right)/4$$

我们得到：

$$L = \frac{\mu\_0}{\pi}\left(x_1 + x_2 - x_3 + x_4\right)N^p$$

通过应用上述公式到圆形和矩形天线中，我们使用了一个特定的 "Excel" 优化工具，针对线圈的机械尺寸、电感值和最小的表面区域，获得了一系列连贯的结果，创造了工业化的模型。

本例中，对于矩形天线线圈的尺寸为 40mm × 20mm。

用来构建这些表格的镀铜的厚度和磁道的宽度符合这些同业的标准，这对于设计者确认他们的印刷电路供应商是否与制造商的工具兼容是很有必要的——在给定的造价内。

3. 关于表中内容的几点意见

1) 在我们等待技术的最终结果时，指数 p（表 3.7）是任意选择的。

表 3.7　有关机械尺寸、电感值和最小表面积的 "一致" 结果

总长度	40	mm
总宽度	20	mm
轨道厚度	35	μm
轨道宽度	300	μm
轨道等量直径	213	μm
轨道间距	500	μm
匝数	4	
匝数的指数 p	1.7	
平均长度	36.8	mm
平均宽度	16.8	mm
平均线圈面积	618.24	mm^2
电感	0.95	μH

2）天线阻抗。

3）DC 中的欧姆电阻：我们可以计算天线的 DC 阻抗：

$$R\_ant\_dc = (\rho N\_ant \, l)/s$$

式中，ρ 是使用的导线的电阻率，铜（Cu）和铝（Al）的电阻率是

$$\rho_{Cu} = 1.7 \times 10^{-8} \Omega \cdot m, \quad \rho_{Al} = 3 \times 10^{-8} \Omega \cdot m$$

N_ant 是天线匝数；

l 是线圈的平均长度；

s 是导线的均方误差部分。

R_ant_dc 的值总是低于需要与品质因数匹配的值。结果，我们能够在外面匹配应用需要的最终值（大概为 20～35）。

4）由于趋肤效应，在 13.56MHz 下的阻抗：透入深度 δ 是本质上电流集中的导体区域的深度和宽带。在给定的频率下，能让我们计算阻抗的均方误差。它的值能够由下述方程给出：

$$\delta = \sqrt{\frac{2}{\omega\mu\sigma}} = \sqrt{\frac{2\rho}{\omega\mu}} = \frac{1}{\sqrt{\sigma\mu\pi f}}$$

式中　δ 为透入深度（m）；

　　　ω 为每秒的震动（rad/s）（$\omega = 2\pi f$）；

　　　f 为电流频率（Hz）；

　　　μ 为磁导率（H/m）；

　　　ρ 为电阻率（$\Omega \cdot m$）（$\rho = 1/\sigma$）。

例子：对于铜导体，我们可以得到透入深度 δ 的值，见表 3.8。

表 3.8　透入深度 δ 的值

频率	δ
100kHz	0.21mm
1MHz	66μm
10MHz	21μm
13.56MHz	17.6μm

例如，在轨道宽度 1mm，深度为 35μm 时，表面的电流并不与通过截面的电流一致，趋肤效应可能是一个原因。在给定的频率下，对于直径远大于 δ 的环形导体，在表面部分，有透入深度 δ 时，我们可以计算得到阻抗的均方误差值。例如，对于圆柱状的导体，我们可以有一个可用的部分：

例如，对于半径为 R 的圆柱形导体，我们将有一个可用的截面：

$$S_u = \pi(R^2 - (R - \delta)^2)$$

section track $\qquad$ $= 1000\,\mu m \times 35\,\mu m$

$\qquad\qquad$ $= 35000\,\mu m^2$

DC: $R\_dc\_/\_meter$ $\quad = (1.7 \times 10^{-8})/(35000 \times 10^{-12})$

$\qquad\qquad$ $= 0.485\,\Omega \cdot m$

HF: r_equi $\qquad = 105\,\mu m$

$\quad s\_useable$ $\qquad = 3.14(105^2 - (105 - 17)^2)$

$\quad s\_useable$ $\qquad = 10302 \times 10^{-12}\,m^2$

$\quad R\_hf\_/\_meter$ $\quad = (1.7 \times 10^{-8})/(10302 \times 10^{-12})$

$\qquad\qquad$ $= 1.65\,\Omega \cdot m$

3.2.9 天线阻抗匹配电路

我们现在知道天线的 L、R 的值，我们只需要使天线的阻抗与 R_p 的值一致（在使用 EMC 滤波器的情况下）或者是 R_s（没有 EMC 滤波器）并且将实现集成电路上的最佳功率匹配。为此，通常使用与 EMC 滤波器和天线之间的阻抗匹配的称为"电桥"的纯无功（因此非耗散）设置。这个设置的简单图，为 RF 领域的人们所熟知，在图 3.25 中以单一配置呈现。

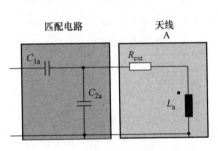

图 3.25　单端结构的匹配电路

1. 阻抗匹配电桥的确定

对于如此构造的整个网络的复数输入阻抗方程 Z_in 为

$$Z\_in = \frac{1}{jC_1\omega} + \frac{\dfrac{1}{jC_2\omega} \times (R_{1s} + jL_{1s}\omega)}{\dfrac{1}{jC_2\omega} + (R_{1s} + jL_{1s}\omega)} = (a + jb)$$

再次说明，在整个电路的工作频率下，为了完全满足该阻抗匹配，必须同时满足以下条件：

1）输入阻抗 Z_in 必须是纯实数，意味着其虚部为零，因此阻抗相位的值等于 0 度；

2）Z_in 的实数部分的模数 R_in 必须等于应用设计者期望的值 R_out（例如，放大器或 EMC 滤波电路的 R_out），以产生所传送的。

换句话说，我们必须能够以下面的形式写上面的方程：

$$Z\_in = (a + jb) = R\_in$$

这意味着：

$$a = R\_in$$
$$b = 0.$$

Z_in 的等式的完整流程是冗长的（并且超出了本书的范围。此外，读者已经观察到本章开始的过程）。通过考虑 a 和 b 的最后两个条件，我们可以确定电容 C_1 和电容 C_2 的唯一值作为其他元件的函数。省略大量中间计算过程，我们获得以下两个条件：

$$C_1 = \frac{1}{\omega} \times \frac{\sqrt{R_{1s}}}{\sqrt{\left[(R\_in) \times R_{1s}^2 - (R_{1s} \times R\_in) + (L_{1s}^2 \times \omega^2) \right]}}$$

$$C_2 = \frac{(R\_in - R_{1s})}{(L_{1s} \times \omega^2 \times R\_in) + (R_{1s}/C_1)}$$

注意：在这里我们感兴趣的应用中，因为 ω 的值总是高的，并且通常（尽管不总是）项 $(L_{1s}^2 \times \omega^2)$ 比 $(R_{1s}^2 - (R_{1s} \times R\_in))$ 大得多，作为初始近似值的 C_1 基本上等于：

$$C_1 = \frac{1}{(L_{1s} \times \omega^2)} \times \sqrt{\frac{R_{1s}}{R\_in}}$$

通过将 C_1 的值代入 C_2 的方程，显然，我们可以找到 C_2 的值。如果我们现在考虑相同的设置表示，在转换后，以其等价的并行形式，我们可以写为

$$R_{1p} = Q_1^2 \times R_{1s} \quad 其中 \quad Q_1 = \frac{L_{1s} \times \omega}{R_{1s}}$$

则

$$R_{1p} = (L_{1s}^2 \times \omega^2)/R_{1s}$$

如果我们将这个值代入上面的方程，我们发现：

$$C_1 \approx \frac{1}{\omega \times \sqrt{(R\_in \times R_{1p})}}$$

由于 C_2 值，并且因为 R_{1s} 的值非常小并且 $(L_{1s} \times \omega^2)$ 的值大，并且还有 $L_{1s} \approx L_{1p}$，我们可以写为

$$C_2 \approx \frac{1}{L_{1p} \times \omega^2} - C_1 - C_p$$

注：从单端匹配设置图切换到差分匹配设置是不难的：我们只需要将容量 C_1 和 C_2 的值加倍。因此，新值是 C_1'，C_1'' 和 C_2'，C_2''，它们在串行设置中分别是二乘二。

注意：如果 EMC 滤波器没有严格地调谐到载波，而是稍微高于载波频率的值，则其输出阻抗是等于 $(a + jb)$ 的复数值（而不是简单到 R）见图 3.26。

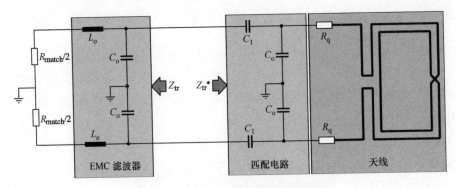

图 3.26　差分模式下的匹配情况电路图

由 "电桥 + 天线" 组成的匹配电路必须表现为具有共轭值 $Z^* = R - jX$ 的阻抗。在这种情况下，C_1 和 C_2 的值分别变为

$$C_1 \approx \frac{1}{\omega\left(\sqrt{\dfrac{R_{tr}R_{pa}}{4}} + \dfrac{X_{tr}}{2}\right)}$$

$$C_2 \approx \frac{1}{\omega^2 \dfrac{L_{pa}}{2}} - \frac{1}{\omega\sqrt{\dfrac{R_{tr}R_{pa}}{4}}} - 2C_{pa}$$

2. 天线的匹配元件的计算

在这里，我们可以通过 Excel 中的快速操作（NXP 文档）计算值，注意，发起者天线的电感 L 值的选择必须给出 C_{1a} 和 C_{1b} 的值，以确保设置是可重现的（意味着这些值不能太低）。

概括地说，图 3.27 显示了当所需的匹配为 700Ω 时，推荐的值范围，例如 NXP。

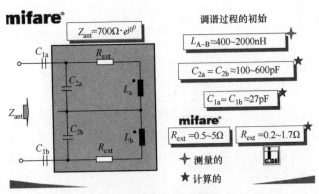

图 3.27　700Ω 情况下 NXP 推荐的匹配电容值

我们在图 3.27 中可以看到，外部电阻 R_ext 的值的主要目的是使设置的全局品质因数 Q 的值与应用相匹配。这直接链接到标准 ISO 14443（在 NFC IP1 和 IP2 中）或 ISO 15693（在 NFC IP2 中）（通信定时所需的带宽等），并且是其功能。

概括地一般来说，最大可用值是：

ISO 14443 $Q\_max = 35$

ISO 15693 $Q\_max = 100$

这些告诉了我们 R1_total = R copper + R_ext（见图 3.28），以及铜的厚度、轨道的长度和匝数。

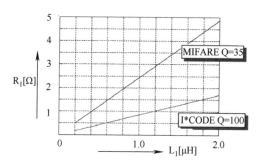

图 3.28 $R = f(L)$

3.2.10　计算发起者天线线圈中的电流

记住，C_1、C_2、L_1、R_1 组成的天线匹配网络的阻抗是

$$Z\_in = \frac{1}{jC_1\omega} + \frac{\dfrac{1}{jC_2\omega} \times (R_{1s} + jL_{1s}\omega)}{\dfrac{1}{jC_2\omega} + (R_{1s} + jL_{1s}\omega)} = (a + jb)$$

在调谐条件下，当 $R_int = $"$a$" 时，存在最大功率传输，发电机给出的电流为

$$V = (R\_int + a)I$$
$$= 2R\_int I$$

天线端子（L_1，R_1）上的电压等于 $V\_eq\_rms = |Z\_eq| \times I\_rms$，其中：

$$Z\_eq = \frac{\dfrac{1}{jC_2\omega} \times (R_{1s} + jL_{1s}\omega)}{\dfrac{1}{jC_2\omega} + (R_{1s} + jL_{1s}\omega)}$$

我们知道，当电路调谐时，我们有

$$C_2 = \frac{1}{L_{1p} \times \omega^2} - C_1 - C_p$$

$L_{1p} = L_{1s}$

$C\_e = C_1 + C_p$

$$C_2 = \frac{1}{L_{1s} \times \omega^2} - C\_e$$

$$Z\_eq = \frac{(R_{1s} + jL_{1s}\omega)}{(L_{1s}C\_e)\omega^2 + j\left(\dfrac{R_{1s}}{L_{1s}\omega} - R_{1s}C\_e\omega\right)}$$

考虑 Z_eq 的模值：

$$|Z\_eq| = \frac{|(R_{1s} + jL_{1s}\omega)|}{\left|(L_{1s}C\_e)\omega^2 + j\left(\dfrac{R_{1s}}{L_{1s}\omega} - R_{1s}C\_e\omega\right)\right|}$$

因此有

$$V\_eq\_rms = |Z\_eq| \times I\_rms$$

知道 V_eq_rms，我们得出天线中的电流 I_Ls_rms

$$I\_Ls\_rms = \frac{|Z\_eq| \times I\_rms}{|(R_{1s} + jL_{1s}\omega)|}$$

$$I\_Ls\_rms = \frac{I\_rms}{\left|(L_{1s}C\_e)\omega^2 + j\left(\dfrac{R_{1s}}{L_{1s}\omega} - R_{1s}C\_e\omega\right)\right|}$$

假设 C_p 非常小，$C_e = C_1$：

$$C_1 = \frac{1}{\omega\sqrt{(R\_in Q_1^2 R_{1s})}}$$

$$C_1 = \frac{1}{\omega Q_1 \sqrt{(R\_in R_{1s})}}$$

并通过替换回来，我们发现：

$$I\_Ls\_rms = \frac{I\_rms}{\left|\dfrac{1}{\sqrt{(R\_in/R_{1s})}} + j\dfrac{1}{Q_1}\left(1 - \dfrac{1}{\sqrt{(R\_in/R_{1s})}}\right)\right|}$$

注意：在实践中，Q_1 通常很大，因此 $1/Q_1$ 的值很小，下一个括号具有小的值，因此 "j" 中的虚数项非常小，并且通常 I_L 可以近似为

$$I\_Ls\_rms \approx I\_rms \times \sqrt{(R\_in/R_{1s})}$$

并且与 L_{1s} 的值无关，而是取决于 R_{1s} 的值，通过 R_{1s}、L_1、C 电路的品质因数 Q_1 的值计算得到。

再注意：让我们再看看我们刚刚获得的奇妙方程，并将它平方：

$$I\_Ls\_rms^2 \approx I\_rms^2 \times (R\_in/R_{1s})$$

或者：

$$R_{1s}I\_Ls\_rms^2 \approx R\_inI\_rms^2$$

$$P\_watts\_output = P\_watts\_input$$

这已经是广为人知的结果，并且没有什么不寻常的，因为滤波器和匹配电路只是反应性的，因此是非耗散的，因此在输入和输出之间的功率电平相等，我们可以立即计算出作为天线的电感中的电流。执行所有这些计算似乎过于苛刻，但现在读者拥有所有必要的工具来计算反应元素和填充表，并了解它们是什么。

3.2.11　总结和举例

1. 没有 EMC 滤波器的应用

总结本章，让我们将 $I\_rms = (V\_batt/R\_int)/\pi\sqrt{2}$ 的值代入 I_Ls_rms：

$$I\_Ls\_rms \approx I\_rms \times \sqrt{(R\_in/R_{1s})}$$

$$I\_Ls\_rms \approx ((V\_batt/R\_int)\sqrt{(R\_in/R_{1s})})/\pi\sqrt{2}$$

这将给我们一个十分有用的等式：

$$I\_Ls\_rms \approx (V\_batt/\sqrt{(R_{1s}R\_in)})/(\pi\times\sqrt{2})$$

与 L_{1s} 的值无关，但取决于 R_{1s} 的值乘以 LC 电路的质量系数 Q 的值。

示例：在串联电路中的总电感 $2\mu H$（见表 3.9）。

表 3.9　没有 EMC 滤波器的应用

电路内部安全	$V\_batt = 3.3V$		
设置单端	$R\_in = 12.5\Omega$		
	L_{1s} （单位为 μH）	$R_{1s}(=L_{1s}\omega/Q)$ （单位为 Ω）	$I\_Ls\_rms\ in$ （单位为 mA_rms）
ISO 14443　Q = 35	1	2.45	
接近式	1.5	3.76	
（H = 1.5 ~ 7.5A/m）	2	4.89	94
ISO 15693　Q = 100	1	0.85	
邻近式	1.5	1.28	
（H = 150mA/m ~ 5A/m）	2	1.71	

注意：事实上，我们可以非常容易地建立这种关系，认为阻抗匹配电路中的所有电抗元件都不消耗功率，因此当阻抗匹配时，来自发电机的所有功率都进入负载 R_{1s}，可以得到以下等式：

$$P\_gene = V\_batt^2/(2\pi^2 R\_int) = R_{1s}(I\_Ls\_rms)^2 = P\_load$$

$$I\_Ls\_rms^2 = V\_batt^2 / (2\pi^2 R\_int R_{1s})$$

$$I\_Ls\_rms = (V\_batt / \pi\sqrt{2}) \times 1 / \sqrt{(R_{1s} R\_int)}$$

差分模式下 NXP 电路的示例：

$$I\_Ls\_rms = (6.6 / \pi\sqrt{2}) \times (1 / \sqrt{(5.11 \times 50)}) = 94 \text{mA}.$$

2. 使用 EMC 滤波器 $R\_in = 12.5\Omega$ 的应用示例

为了总结所有这些计算，汇总表如下，见表 3.10。

表 3.10　使用 EMC 滤波器且 $R\_in = 12.5\Omega$ 的应用示例

f	=		13.56	MHz	图
ω	$= 2\pi f$		85.72	10^6 rad/s	
设置和集成电路的特性					
设置	= 单端				
V_batt	=	集成电路的供电电压	3.3	V_rms	
R_ic_out	= 数据表	集成电路的内部电阻	12.5	Ω	
I_ic_p	$= (4/\pi \times (V\_batt)/2/ (R\_in + R\_load))$		84	mA_p	
$I\_ic\_match\_rms$	$= (4/\pi \times (V\_batt)/2/ (R\_in + R\_load))/\sqrt{2}$		60	mA_rms	
与 R_in 匹配的 EMC 滤波假设					
所选 L	=	用户的选择	200	nH	
计算出的 C_p	= 参见表中的 EMC 滤波器计算		429.6	pF	
计算出的 R_p	= 参见表中的 EMC 滤波器计算		41	Ω	
"天线"假设					
N	=	匝数	4	匝	
形状	= 矩形		4×2	cm	
r_equi	= 圆形表面的等效半径		1.9	cm	
L_{1s}	= 参见 Excel 表中的说明	天线的电感	2	μH	
R_bob	=	天线的电阻	1	Ω	
Q_1	$= L_{1s}\omega/R_{1s}$	符合 ISO 14443 应用	35		
R_{1s}	$= L_{1s}\omega/Q_1$		4.89	Ω	
R_ext	$= R_{1s} - R\_bob$	附加的电阻	3.89	Ω	
R_{1p}	$= Q_1^2 R_{1s}$		5.99	$k\Omega$	

(续)

阻抗匹配电路与 $Z\_\text{in} = R_\text{p}$ 等效					
C_1	$= 1/(\omega \times \text{RMS}(R_\text{p} \times R_{1\text{p}}))$		23.5	pF	
C_p	= 寄生电容	估计值	0	pF	
C_e	$= C_1 + C_\text{p}$		23.5	pF	
C_2	$= (1/(L_{1\text{s}}\omega^2)) - C\_\text{e}$	68 − 23.5	44.5	pF	
$I\_\text{Ls\_rms}$ 的计算					
$R\_\text{in}/R_{1\text{s}}$	$= 41/4.89$		8.2		
$\sqrt{(R\_\text{in}/R_{1\text{s}})}$	$= \sqrt{}$		2.86		
$I\_\text{Rp\_rms}$	= 参见 EMC 滤波器计算表		32.8	mA_rms	
$I\_\text{L1s\_rms}$	$= \sqrt{(R\_\text{in}/R_{1\text{s}})} \times I\_\text{Rp\_rms}$	天线中的电流	93.9	mA_rms	QED
$I\_\text{L1s\_p}$	$= I\_\text{L1s\_p} \times \sqrt{2}$		132.9	mA_p	
$V\_\text{L1s\_rms}$ 的计算					
$V\_\text{L1s\_rms}$	$= L_{1\text{s}} \times \omega \times I\_\text{L1s\_rms}$ $= Q \times R_{1\text{s}} \times I\_\text{L1s\_rms}$	天线终端的电压	16	V_rms	
$V\_\text{L1s\_p}$	$= V\_\text{L1s\_rms} \times \sqrt{2}$	天线终端的电压	22.64	V_p	
电阻性天线电路中功率消耗的计算					
P_rms	$= R_{1\text{s}} \times (I\_\text{L1s\_rms})^2$		44	mW_rms	QED

3.2.12　模拟

1. 使用 EMC 滤波器的应用

如图 3.29 ~ 3.32 所示，模拟与先前的计算值匹配。

让我们认真和简单地说明，在本章中，我们详细描述了这些值和示波图的来源，并且在处理新项目时，读者将能够非常快速地选择，定义和优化解决方案，这是本章的实质内容。

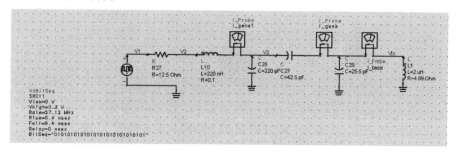

图 3.29　仿真结果-使用 EMC 滤波器的应用

(彩色版见 www.iste.co.uk/paret/antenna.zip)

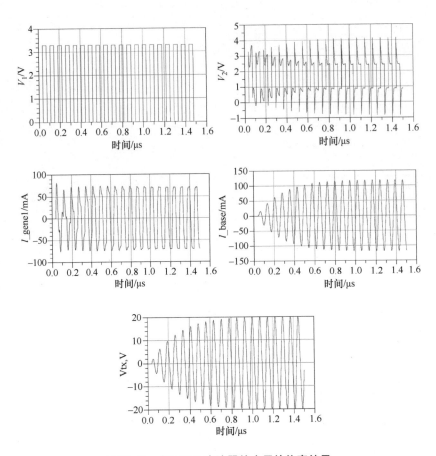

图 3.30　带 EMC 滤波器的应用的仿真结果

2. 第二个滤波 LC 电路的最后示例

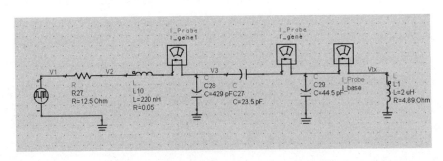

图 3.31　带 EMC 滤波器应用的仿真电路图

（彩色版见 www. iste. co. uk/ paret/ antenna. zip）

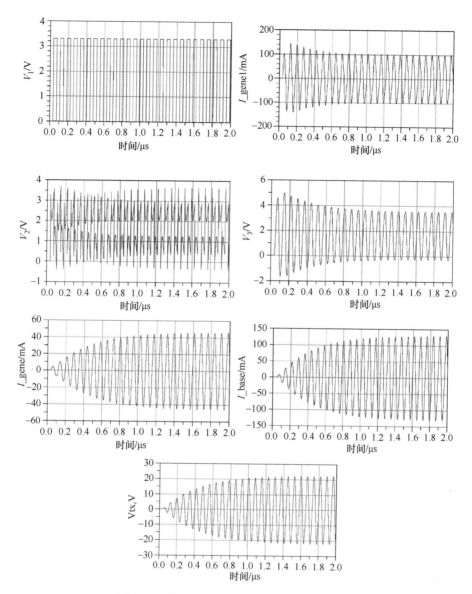

图 3.32　带 EMC 滤波器应用的仿真模拟结果

3.2.13　天线辐射场 H 的值

现在我们知道在圆形天线中循环的 I_Ls_rms 的值，很容易确定在其中心的磁场的值。其值为

$$H\_0\_rms = (N\_bs \ I\_Ls\_rms)/(2r\_equi\_bs)$$

（回顾一下，$r\_equi\_bs = r$ 是等效于实际天线的总面积的圆形表面的半径）。

3.2.14 工作距离的计算与取值

通过前文，我们可以计算关系"场/匝数/r_equi_bs/距离 d"，由表 3.11 概括，其中水平行读取如下：

1）我们继续该示例，并且知道天线 I_Ls 中的电流具有 94mA_rms 的值（参见所有上述部分），在期望的场强度 $H\_0\_rms = x$ 处，这导致 $N/r = y$，因为 $2H\_0/I\_Ls = N/r$；

2）通过上面为 N/r 得到的值知道引发器线圈 r 的等效半径，我们推导出为了产生期望的场所需的匝数（希望天线的匝数和线圈的形状给出所需的电感，但是为了谨慎起见，我们需要检查它）；

3）我们假设我们在 ISO 14443/18092 的边界上有一个 NFC 标签，因此需要一个字段 $H\_d = 1.5A/m$ 才能工作。因此，我们可以计算在还未知的距离处在天线平面中提供的场 H_0 与 $d = 0$ 和 H_d 之间的比率；

4）如果我们知道将天线的磁场的轴的减小与距离 d 相关联的物理/数学方程，则该比率 H_d/H_0 可确定比率 d/r；

5）最后，当我们知道 r 时，我们可以推导出在那些操作条件下的工作距离 d。

表 3.11 工作距离的计算与取值

在场中没有标签的存在并且没有任何负载效应					
假设	$I\_Ls = 94mA$	$r\_equi = 1.5cm$			
ISO 14443			如果我们设 $H\_d = 1.5A/m$ （ISO 14443）		
H_0_rms A/m	$N/r\_equi = 2H\_0/I\_Ls$	尖顶的 N_min	H_d/H_0	d/r	D cm
1.5	32	0.48	1	0	0
3	63.82	0.95	0.5	0.7	
3.75	79.78	1.19	0.4	0.85	
4.5	95.74	1.43	0.33	1.2	
7.5	159.57	2.39	0.2	1.4	2.1
假设	$I\_Ls = 94mA$	$r\_equi = 1.5cm$			
ISO 15693			$H\_d = 150mA/m$（ISO 15693）		
H_0_rms A/m	$N/r\_equi = 2H\_0/I\_Ls$	尖顶的 N_min	H_d/H_0	d/r	D cm
0.150	3.2		1	0	0
1.5	32				
2					
3	63.8	0.957			
5	106.38	1.6	0.03	3	4.5

3.3　发起者天线的最大品质因数质量系数 Q

在本章的大部分地方，我们已经提到了品质因数 Q 的理论值。这涉及多个细节并且理论上回到 Q 的值，其具有两个影响：

1）对带宽的值，并且因此取决于可实现的比特率；

2）对场边缘的形状——特别是当比特流被暂停时。

NFC 上行链路连接使用"幅度移位键控（ASK）m%"的载波调制。发起者天线的过电压系数 Q_max 的最大值必须使得等于 f_0/Q 的带宽 Bp_ant（在 $-3dB$）至少能够承载包含在调制载波的信号的频谱中的所有频率。在最坏情况下，数字数据流的方波信号［在非归零（NRZ）位码的情况下具有 50% 的循环比率］的基本频率（比特率）必须在最小，等于调谐电路的带宽 Bp_ant 的一半，即

$$2 \times \text{bit\_rate} = Bp\_ant\_min,$$

或者：$2 \times \text{bit\_rate} = f_0/Q\_max$

因此：$Q\_max = f_0 \times [1/(2 \times \text{bit\_rate})]$

举例：

- 载波频率：$f_0 = 13.56\text{MHz}$；

- 由发起者发送的数据的数字流：$\text{bit\_rate} = 106\text{kbit/s}$。

在这种情况下，我们发现：$Q\_max = 64$。

不幸的是，对于上行链路，NFC ISO 18092（或 ISO 14443 类型 A），调制载波的信号远没有 NRZ 50/50 比特编码，并且其是修改的密勒比特编码，其中对于 $9.44\mu s$ 的比特持续时间，执行持续时间 $T_p = 3\mu s$ 的载波"暂停"。该暂停 T_p 相当于周期为 $2T_p = 6\mu s$ 的等效比特率 $= (1/2T_p) = 166\text{kbit/s}$ 的频率的发送。

$$\text{因此 } Q\_max = f_0 \times [1/(2 \times 1/2T_p)]$$

$$\Rightarrow Q\_max = f_0 \times T_p$$

$$\text{意味着 } Q\_max = 40.68$$

这个理论最大值是不可接受的，因为总是需要在所有情况下保证系统（公差、漂移 LC、频率等）可用。只能说在上面的例子中，我们可以使用大约值为 35 的 $Q\_max\_useable$。

注意：正如我们将看到的，一般来说，$Q\_max\_useable$ 的这些值不是很难获得，因为天线的技术设计给出了远高于应用所需的 Q_max（空载）值的特定 Q_max。使用串联的电阻时容易降低这些值，这些我们将在后面看到。

因此，我们已经解决了发起者天线可以展现的品质因数的最大应用值的问题。

3.3.1　Q 和场的截止

品质因数 Q 也是影响 ASK 100% 中的"暂停"期间载波的截止和恢复以及

ASK m% 中的调制的快速变化的主要参数之一。为此，让我们检查天线电路的脉冲响应。

在 ASK 100% 或 m% 的幅度调制中，在脉冲转变期间，当电压阶跃 E 被施加到串联天线电路 R 时，L、C 被称为"共振阻尼"。在拉普拉斯-卡森变换之后写入的在转换期间流过电路的电流值的方程是公知的，并且具有以下形式：

$$I = \frac{E}{L} \times \frac{p}{(\omega_0^2 + 2\Delta p + p^2)} = \frac{E}{L} \times \frac{p}{\omega_0^2\left(1 + \frac{2\Delta p}{\omega_0^2} + \frac{p^2}{\omega_0^2}\right)}$$

总之，$2\Delta = R/L$，设置：

$$f_0 = 载波频率$$

$$R < \mathrm{RMS}(4L/C)$$

$$\omega_0 = 1/\mathrm{RMS}\ LC \Rightarrow LC\omega_0^2 = 1$$

$$\omega_0 = 2\Pi f_0$$

$$T_0 = 1/f_0$$

在逆变换之后，所得到的信号由电压变化（根据变化的极性减小或增加）表示，具有周期为 T_0 的振荡的振幅指数。在激励被停止或恢复时，在 ASK 100% 中，利用几个二阶近似，振荡电路中的电感的端子处的电压变化的数学表达式以下形式表示：

$$v(t) = V_{\max} \times \cos\omega t \times \mathrm{e}^{-\Delta t}$$

其中 $\mathrm{e}^{-\Delta T}$ 被称为"对数衰减"。

因此，该变化是具有指数包络的余弦，其时间常数等于 $q = 1/\Delta = 2L/R$。该方程可以写成：

$$v(t) = V_{\max} \times \cos\omega t \times \mathrm{e}^{-t/q}$$

图 3.33 显示了一个示例。

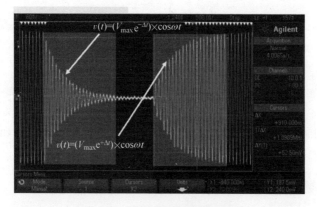

图 3.33　具有指数包络的余弦

在知道，对于发起者天线，$Q_1 = L_{1s}\omega_0/R_{1s}$，我们还可以写为

$$Q_1 = 2L(2\pi \times f_0)/2R = 2L(\pi \times f_0)/R$$

但是 $q = 1/\Delta = 2L/R$

$$q = Q_1/(\pi \times f_0) = (Q_1/\pi) \times T_0$$

因此，我们可以得到 q 和 Q_1 之间的关系：

$$\frac{q}{T_0} = \frac{Q_1}{\pi}$$

例如，让我们计算在时间 $t_1 = q$ 和 $t_3 = 3q$ 时的电压值。

对于 t_1，$t_1 = q$ $\qquad\qquad v(q) = V_{max} \times e^{-1}$

则 $\qquad\qquad\qquad\qquad\qquad v(q) = V_{max}/2.718$

$$v(q) = 36\% \, V_{max}$$

对于 t_3，$t_3 = 3q$ $\qquad\qquad v(3q) = V_{max} \times e^{-3}$

则 $\qquad\qquad\qquad\qquad\qquad v(3q) = V_{max}/20$

$$v(3q) = 5\% \, V_{max}$$

这意味着在 $t_3 = 3q$ 时，信号幅度仅等于其初始最大幅度的 5%。如果发起者天线工作在 ASK 100% 幅度调制：

$$t_3 = T\_cutoff$$
$$= 3 \times (1/a)$$
$$= 3 \times (2L/R)$$

因此，是载流子物理（几乎 5%）截止所需的时间段。

在设置的工作频率（f_0，$T_0 = 1/f_0$，$\omega_0 = 2\pi f_0$）下，我们还可以将 $T\_cutoff\_x\%$ 编码为该频率下电路的品质因数的函数，$Q_1 = L\omega_0/R$，这告诉我们：

$$当 \; Q_1 = 2L(2\pi \times f_0)/2R = 2L(\pi \times f_0)/R$$

$$T\_cutoff\_36\% = 1q = (Q_1/\pi f_0) = (Q_1/\pi) \times T_0$$

$$T\_cutoff\_5\% = 3q = 3 \times (Q_1/\pi f_0) = 3(Q_1/\pi) \times T_0$$

3.3.2 在 ISO 字段

图 3.34 显示了符合 ISO 14443 A 的 NFC 标准 IP1 和 IP2（ISO 18092 和 21481）的示例。

$$(t_1 - t_2)\max = (40.5 - 7)/f_c = \sim 42/f_c$$
$$= 73.7\text{ns} \times 42 = 3\mu\text{s}$$
$$(t_1 - t_2)\min = (28 - 7)/f_c = 21/f_c$$
$$= 73.7\text{ns} \times 21 = 1.5\mu\text{s}$$

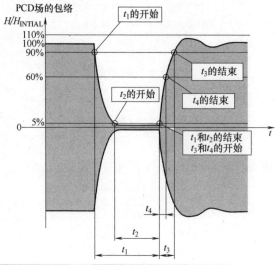

图 3.34 根据 NFC 标准 IP1 和 IP2（ISO 18092，21481）所规定的参考值

参数	最小	最大
t_1	$28/f_c$	$40.5/f_c$
t_2	$7/f_c$	t_1
t_3	$1.5t_4$	$16/f_c$
t_4	0	$6/f_c$

考虑平均时间 $(3+1.5)/2 \approx 2.2\mu s$，这相当于约 31 个载波周期…因此我们具有 NFC ISO 18092 和 ISO 14443 的 Q 值。

$$T\_cutoff\_5\% = 3q = 3 \times (Q_1/\pi f_0) = 3(Q_1/\pi) \times T_0$$

$$3000\text{ns} = 3(Q_1/\pi) \times 73.74\text{ns}$$

$$Q_1 = 42.58$$

$$T\_cutoff\_5\% = 3q = 3 \times (Q_1/\pi f_0) = 3(Q_1/\pi) \times T_0$$

$$(\text{平均})2200\text{ns} = 3(Q_1/\pi) \times 73.74\text{ns}$$

$$Q_1 = 31.22$$

$$T\_cutoff\_5\% = 3q = 3 \times (Q_1/\pi f_0) = 3(Q_1/\pi) \times T_0$$

$$1500\text{ns} = 3(Q_1/\pi) \times 73.74\text{ns}$$

$$Q_1 = 21.29$$

3.3.3 在应用中测量 Q

让我们以 13.56MHz 为例，品质因数 Q_1 等于 31.4，因此 $Q_1/\pi = 10$，$3(Q_1/\pi) = 30$

载波:$f_0 = 13.56\text{MHz}$

$\qquad T_0 = 1/f_0 = 73.75\text{ns}$

当 $Q_1 = 31.4$

-考虑 $(Q_1/\pi) = 10$:

$T\_cutoff\_36\% = 0.737\mu s$ 约 10 倍载波交替

-考虑 3 $(Q_1/\pi) = 30$:

$T\_cutoff\_5\% = 2.2\mu s$ 约 30 倍载波交替

应当注意,在该示例中,在 13.56MHz 的 $T\_cutoff\_5\%$ 的值符合 ISO 14443 Part 2A 和 NFC ISO 18092,如图 3.35 所示。

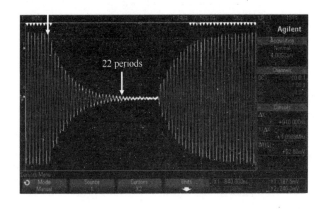

图 3.35　$T\_cutoff\_5\%$ 在 13.56MHz 下的值

实践考虑:

1) 无论我们说什么或做什么,Q 的最有趣和唯一真实的值是在实际应用中测量的,包括环境(箱,电池等)中的负载效应,其通常难以预先估计。

2) 在需要屏幕和/或铁氧体片的移动环境中,高于 35 的品质因数是不太可能的。当在给定环境中不能满足因子 Q 为 35 时,仍然建议尝试并保持其至少等于 15 以获得良好的性能。

3.3.4　应用中带宽的测量

除了提供初始的简单方程 $B_p = f_0/Q$ 之外,最简单和相对可靠的方法是在实际应用中通过振幅的频谱测量无负载的发起者的天线电路的带宽和空间辐射场(矢量网络分析仪的"峰值保持函数"——(测量幅度和相位属性)(VNA)。为此,我们可以使用直径约为 20mm 的小环形天线,放置相当远距离,以便不使其失谐(见图 3.36a 和 b)-参见 Innovision 文档)。

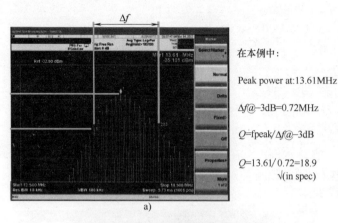

在本例中：

Peak power at:13.61MHz

$\Delta f@-3dB=0.72MHz$

$Q=fpeak/\Delta f@-3dB$

$Q=13.61/0.72=18.9$
√(in spec)

a)

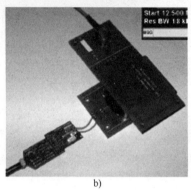

b)

图 3.36　品质因数 Q 的测量

3.4　关于发起者过程的简要手册

总而言之，这里是一个步骤列表——具体是以正确的顺序处理发起者天线的设计和计算问题——由于环境分离（屏幕，负载效应等）的约束产生。

1）精确定义我们希望在应用程序中使用的接收者（卡，手机，USB 密钥等）；

2）知道（或确定）接收者的场 H_threshold 的值；

3）定义我们希望操作（在空中）发起者天线距接收者的距离；

4）定义发起者天线的几何格式（圆形，矩形等）；

5）根据上述格式，使用毕奥-萨伐尔定律，作为 H_threshold 的函数，计算发起者天线场 H_0 的值（没有负载效应或屏幕）；

6）确定一个位置，并且知道发起者天线的可能的机械尺寸（等效半径 r）；

7）选择/定义其匝数 N（如果可能，然后使其成为中点），使得发起者天线的

值 L_s 是可实现的；

8）计算比率 "N/r"，并根据 H_0 计算在发起者天线中循环的电流 I_Ls 的值；

9）鉴于将使用设置的最终环境，选择或估计品质因数 Q（在由 ISO 14443 或 NFC ISO 18092 给出的 max/min 值的范围内）；

10）对于选择的 Q 值，计算 R_serial 的相应值；

11）知道 I_Ls 和 R_serial，计算 R_serial 中消耗的功率，发起者天线的集成电路必须能够提供给天线的输出电路；

12）鉴于集成电路的内部电阻 R_ic，其电源电压和配置（差分/单端），请验证它确实能够提供该级别的功率；

13）否则，在另一个版本中，对于给定的电源电压，计算获得该功率所需的 R_ic 的值；

14）定义/选择 freq_cutoff 的值，以满足 EMC 的 ETSI 或 FCC 模板和掩码；

15）计算并选择耦合 L 和 C 的值，产生 freq_cutoff，以创建现实的分量；

16）总而言之，计算滤波器输出阻抗和发起者天线阻抗之间的匹配 T 电路滤波器的两个容量的值，并再次计算，以创建符合实际的分量。

第4章 ●●●●

发起者天线的应用实例

4.1 大天线

为什么从大型天线开始？首先，我们选择大尺寸发起者天线的例子，因为它们通常是最复杂的（例如 10cm×10cm～20cm×20cm 的机械格式），例如用于在高频（HF）13.56MHz 中，通过发起者和 NFC 设备接收者（智能卡、手机、标签等）之间的电感耦合进行通信，并考虑到它们的命令和环境电路等。在了解所有这些部分后，小天线看起来十分的简单。

在下面几节中，我们将考虑两种大尺寸天线在通信中的应用实例：

1）在"卡仿真-有电池"模式中使用单 NFC 设备；

2）在"标签-无电池"模式下与多个 NFC 设备通信。

4.1.1 在"卡仿真-有电池"模式下与单 NFC 设备通信

1）"有电池"模式是目前市场商务中 NFC 发起者和移动电话或平板电脑之间通信的典型示例；

2）这假定接收者功能在有电池模式下工作（通常在此模式下，没有或仅有少数功能通过在卡仿真模式下的 NFC 设备中的内部调节器分流）；

3）在卡仿真模式中，NFC 设备-接收者（例如移动电话）通常具有非常弱的调谐的偏移频率（例如 14.5MHz 而不是 13.56MHz），因为设备必须能够从读取器模式切换到卡仿真模式；

4）必须根据移动电话的模型，其相对于发起者的位置和距离来看到不可忽略的"加载效应"；

5）返回通信（接收者到发起者）有 95% 保证被动反向调制（被动负载调制）。请注意，由于引入了支持有源负载调制（ALM）的电路，因此在不久的将来就会发生变化。

4.1.2 在"标签-无电池"模式下与多个 NFC 设备通信

传统的应用是小型物品如珠宝的展示架的应用，其中：

1) 读取简单接收者/标签的多个 NFC 设备接收者（具有冲突管理）；

2) 远程供电的接收者/标签消耗很少的能量；

3) 小负荷效应；

4) 通过无源逆调制（无源负载调制）来始终确保返回通信（接收者至发起者）；

5) 在其使用期间，总是在读取模式下工作的 NFC 设备接收者/标签设备可以具有一致性的偏移频率，根据其应用范围（例如 13.56MHz ~ 20MHz）是绝对可变的。

4.2 单设备中的大天线

4.2.1 接收者的机械格式

这些主要应用在公共交通（地铁、公共汽车等）的验证器型发起者上，不与 NFC 通信联系的充电器、POS 机和移动 POS（mPOS）机等，手机或平板电脑，以"卡仿真-有电池"模式运行，并且到目前为止，其尺寸主要根据装备的屏幕尺寸而定义，例如：

1) 三星手机：

- S5：14.5cm × 7.5cm × 0.9cm

- S6：14.3cm × 70.5cm × 0.68cm

2) 苹果手机：

- iPhone 6、7：15.8cm × 7.8cm × 0.9cm

3) 索尼手机：

- Z3：14.6cm × 72cm × 0.8cm

- Z4：13.9cm × 71cm × 0.79cm

其他产品类型也是在跟随。现在整体趋势是大型天线，当手机屏幕大到 8in（约 20.32cm）的时候又会怎样？（出于经济原因，移动电话"低成本"通常具有较小的屏幕格式，并因此具有较小的物理尺寸）。

4.2.2 "形状因子"和接收者的天线尺寸

从接收者 NFC 设备的外部部分看，我们既不知道大小（通常不遵守 ISO 天线类别）也不知道放置接收者的真实位置，因为在 NFC 接收者的外部尺寸和其内部天线的物理尺寸之间没有规则。

之前，天线是：

1）大尺寸，约 8cm×4cm，以便于接收最大磁通量；

2）位于后壳的某处；

3）位于移动电话后壳的大部分上；

4）位于空中的支撑物体上。

现在是：

1）在电池上或电池中实现的天线；

2）因此具有铁氧体箔以使电池天线磁绝缘；

3）因此具有更小的尺寸；

4）甚至有时天线在 SIM 或 microSIM 卡中实现。

当前和未来的趋势：每个人都试图减小接收者尺寸（朝着 SD 卡大小等），因为到了今天，出于质量的原因，在所谓的"消减技术"（Cu 或 Al 的损失）以及支撑表面（膜）的损失，使天线生产成本很高。此外，对于该表面的尺寸，天线的屏蔽，通过薄的铁氧体箔屏蔽十分昂贵。由于所有这些经济原因，趋势是具有更小尺寸的天线与更便宜的价格，如果必要的话，在集成电路中可以用升压级（booster stage）控制它。

不久之后天线将不再物理地放置，并且如果其是金属材质且防水的，将天线的位置置于金属外壳，同时通过涡流来运行（有 RFID 功能的豪华瑞士手表，天线就在防水不锈钢表壳中）。这有点像苹果在的其 iPhone 6 中开始尝试使用的那样。

4.2.3 操作时需要的应用距离

在这些应用中，发起者和接收者之间的物理读取/操作距离可以估计为几厘米（最大 2~5cm），即发起者和接收者天线之间的有效距离为 3~7cm。

4.2.4 估计由于距离或工作范围所产生的"负载效应"

在开始计算稳定良好操作所需的 H 磁场之前，必须找出在这些应用中存在"负载效应"的主要原因，因为总有"负载效应"出现（详见第 8 章）。

虽然存在接收者 NFC 应用的移动电话是有电池的类型，但是不应从接收者考虑所有这些负载效应，在发起者侧应该认真考虑负载效应的影响。可见的主要影响是负载条件下的 Q 系数的大变化以及系统在 13.56MHz 上的引发器电流和耦合指数 n 的大幅减小。

4.2.5 环境（铜、铁氧体、电池等）

关于这个部分的内容，详见第 6 章。

4.2.6 说明我们建议的几个措施

为了说明我们的观点，举一个两匝线圈发起者天线的例子，它是约 10cm ×

10cm 的正方形，其特性见表 4.1。

表 4.1 系统属性

L	μH	1.22
假设 Q		25
$R = L\omega/Q$	Ω	4.25
$V\_batt/sym/50\Omega$	V_dc	3.3
$P\_rms = R\ I\_rms^2$	mW	45
I_rms	mA	103
N		2
$H\_rms = N\ I\_rms/2r$	A/m	1.82

这种非对称安装的发起者天线配备有完整的调节电路（调节电容电桥和 EMC 滤波器），调节范围为 50Ω。这种不对称的安装由热点和 50Ω 信号发生器提供。此外，为了 H 磁场的测量，使用 ISO 10 373-6（详见第 7 章）的测量类型"参考校准线圈 PICC"的天线，给出 $V\_pp\_ref\_coil = 900m\ V\_pp$ 的电压，$H = $ 在其表面的整体上平均为 $1A/m$ 的均方根。

第一步：在发起者天线上（空的，场内没有接收者存在）时场 H 的测量（无源状态）。

第二步：通过在发起者天线电平处插入不同接收者 A、B、C 和 D（商用移动电话）来重新启动，并且记载负载效应的值。

测量值的示例总结在表 4.2 中。

表 4.2 测量值举例

		单位	无电源	有电源			
				A	B	C	D
	$V\_gene\_50\Omega = cte$	V_pp	10				
应用于集成电路的电压		V_pp	4.1 （这是因为整个天线电路的阻抗不是精确的 50Ω，而是约 41Ω）（几乎独立于装载效应） 信息备注：集成电路提供的 $3.3V\_dc$ 对称安装将有助于最佳调节电路中真实施加的 V_pp 电压（$3.3 \times 4/\pi \times 2)/2 = 4.2V\_pp$ 或 $1.49V\_rms$，其功率 $P = 1.49^2/40 = 55mW$				
$d = 0$	$V\_pp\_ref\_coil$	V_pp	2.2	0.6	0.7	0.5	0.55
	H_0_rms	A/m	2.45	0.63	0.77	0.55	0.6
	H_0_loaded/H_0_vide	%	—	25	31.4	22.4	24
	V_Rq	V					
	$I\_ant = V\_Rq/R_q$	mA					

（续）

测量		无电源	有电源			
			A	B	C	D
距离 "*d*" 有 H_d = 1A/m	mm		35			
V_pp_ref_coil	V_pp	0.9		0.4	0.2	
H_d_rms to d = 35mm	A/m	1		0.44	0.22	
H_d_loaded/H_d_empty	%	—		44	22	
Q						

d = 35mm 为左侧合并行标。

注：在使用电压进行多次测量后，网络分析仪（VNA）在"史密斯算盘"模式下，在自由空间和负载条件之间进行充电调谐，我们注意到调谐的整体计划在有负载的情况下转向感性侧。

4.2.7　接收者必要的 *H_d* 场

正式来说，NFC ISO 18 092 和 21 481 标准要求发起者创建 1.5A/m（自由空间）的最小场，使得任何接收者都应该起作用，这是理论要求。

测量现实情况下施加恒定且均匀的 *H* 场（在螺线管模式中，以便使其自身不受负载效应影响）：

1）标签或微芯片"光"（类型 NFC Forum 标签 T1T 或 MiFare Ultra Light T2T）通常具有接近 0.8/1A/m 的灵敏度/阈值；

2）一个经典的卡（DESFire 风格，NFC Forum T4TA），而不是 1.3A/m 或银行应用（Smart XA）1.4A/m；

3）一个未知技术的小厂商卡？

4）在"卡仿真"模式下具有 NFC 功能的手机：

① 无电池：尚不明确，因为它取决手机中的无线电源，使各种应用工作（屏幕，加密等）；

② 有电池：0.8～1.1A/m，以便超过解调和解码输入电路的工作电压阈值。

4.2.8　发起者的天线级创建所必需的 *H_0*

磁场 *H_0* 在自由空间中产生，没有负载，由天线中心的发起者产生，它的值是多少？

这第一个问题和答案立即引出了第二个问题：

"攻击电路产生的功率的值是多少"

然后，根据对 *H_0* 场的认识，对于灵敏接收者（在 *V_threshold* 以内）和其自身的负载效应，得到合适的操作距离值，对于 *H_0* 场的认识将有助于计算场辐射到 10m 时 *H_10* 值，以 dBμA/m 为单位，以验证所选择的解决方案是否符合规定。

4.2.9 功率 P

我们从功率开始。在调节应用中的阻抗时，以 W 为单位的传递/传输集成电路的功率与以 A/m 产生的磁场之间存在直接关系。

在"有电池"的设备的特定情况下，NFC 接收者的接收器部分通常不需要通过电磁场而获得能量，只要磁场中的磁通量的值产生的电压 $d\varphi/dt$，满足接收器集成电路的操作门限值就可以了。

4.2.10 场 H，必须由特定接收者的发起者生成

除了任何耦合和耦合系数以及任何负载效应，我们知道，对于人造纤维圆形天线（读取天线），在 H_0（接收者天线的中心中的 H）和 H_d（距离 d 处的 H）之间存在关系，通过由引发器产生的磁场 $H(a, r)$ 的合理化理论方程给出以下的形式（毕奥-萨伐尔定律）：

$$H(a, r) = \frac{1}{\left[\,(1 + a^2)^{3/2}\,\right]} \times H(0, r)$$

式中 d 是天线中心和发起者/标签之间的距离；

　　　 r 是发送者的天线的半径；

　　　 $d = a \times r$。

参考第 2 章，根据 r 和 d 的值，以及关系 $a = d/r$ 中 r 的值得出 $H(a, r)/H(0, r)$ 的关系变化。

4.2.11 发起者的定义：读取器"着陆区域"的格式（放置接收者的区域）

根据通常 NFC 接收者的无线尺寸及天线位置，发起者的着陆区域可以具有10cm×10cm 的最小矩形格式。并且，在实际应用中，根据不同手机的无线尺寸及天线位置不同而使用不同，在发起者的表面上标识出对应的不同接收点，这明显是不合理的。

4.2.12 应用"系统"注意事项

应用"系统"必须具备 MHz 级别的带宽。通常，这与比特率值，编码比特、调制类型、脉冲时间等相关。后者在 NFC ISO 18092 和 ISO 21481 标准中定义和规定。可以从这些值获得与天线的调谐电路的品质因数 Q 的相关联的最大值。

品质因数 Q

由 ISO 18 092 标准得到的 Q 最大理论值约为 35。该值一般在天线自由空间没有太多负载效应的情况下取得。通常，由于许多原因（误差、分散、操作温度范围、各种漂移、部件老化等），并且为了适应批量化生产，生产者最终在应用中使用的 Q 值约为 25/30，由于铁氧体和屏幕对天线产生的不可忽略的负载效应，使用15/22 这个值的情况也并不少见。综上，我们所设想的应用是最后一种情况：

1）使用铁氧体屏蔽进行环境隔离（可以考虑不使用金属壳）；

2）由于各种手机的负载效应。

因此，Q 的可能值为 15 ~ 22。

4.2.13 直接驱动天线的商用集成电路

1. 现有 R_ic_out 电阻值

一般来说，集成电路的制造商在其数据表或其应用说明中指出，其非对称安装"匹配"的输出电阻的值在对称安装时，需乘以 2，见表 4.3。

表 4.3 "匹配"输出电阻值

	生产商	单位	不对称	对称
例子	Inside Secure	Ω	12.5	25
	NXP	Ω	17.5	35
	etc.	Ω	...	...

使用这些示例，在发电机和负载之间的阻抗调节时，可用的最大功率见表 4.4。

表 4.4 可用最大功率

$V\_batt = 3.3V$	不对称安装		对称安装	
	$R\_ic\_out\_asym/\Omega$	P_eff/mW	$R\_ic\_out\_sym/\Omega$	P_eff/mW
	12.5	44	25	88
	17.5	34	35	68
	25	25	50	50

2. 必要的 R_ic_out 电阻值

我们已经表明，除了 $H = \text{cte} \sqrt{P}$ 之外，

$$H\_eff = \sqrt{L_o N_p} \frac{\sqrt{(P1\_eff \ Q/\omega)}}{N_1 \mu s}$$

示例：如果功率 P 增加 10 倍，则发射的磁场 H 将增加因子 $\sqrt{10} \approx 3.16$ 倍，也就是说，所有参数相等，参考 EMV 的经典安装由 $P = 600mW$（在 50Ω 的等效负载上）提供的测试将提供比对称安装中 R_ic_out 为 35Ω 的 NXP、CLCR 663 提供的 $60mW$ 的值大 3.16 倍的 H_0 场的值。

如果我们知道 H 和 d 之间的关系以及负载效应"抵消"约 30% ~ 50% 的磁场 H_0 的事实，我们可以估计应用中的操作距离 d。

3. 结论

在本章开头，我们已经表明，对于对称安装的阻抗调整：

$$P\_sym\_eff = V\_batt^2/(\pi^2 R\_int\_asym)$$

在给定的电源电压 V_batt 下，这意味着如果我们希望使用更多的功率，则必须减小 $R\_ic\_out = R\_int\_asym$ 发生器的内部电阻值。

示例：假设我们想要提供 $600mW$ 的功率（如安装 EMV 测试所需的功率）：

则 $0.6 = (3.3)^2/\pi^2 R\_int\_asym$

因此 $R\_int\_asym = 0.543\Omega$

或 $R\_int\_sym = 1.09\Omega$（在差分对称模式下）

这是 AMS 提出的升压电路情况，我们现在将研究它。

4.2.14　booster 放大器

可以使用 booster 放大器电路（即加强增益），既可以在分立元件中，也可以在集成电路中。

1. 分立元件中的升压放大器

图 4.1 所示为 NXP 提出的分立元件中的 booster stage 的示例，我们可以将其置于 13.56MHz 的发起者的天线信号出口。它可以工作在推挽 A/B 类（如音频）。此安装提供 12V 电压，当其有效时消耗约 200mA 电流：

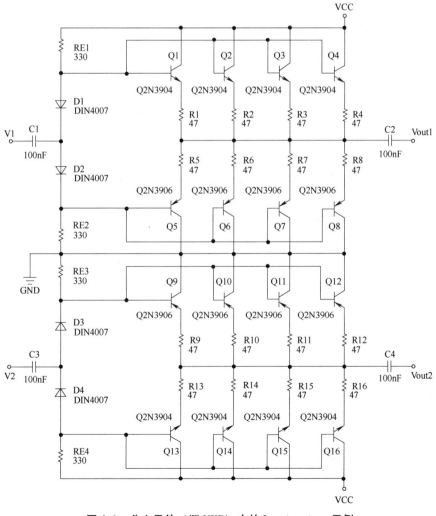

图 4.1　分立元件（源 NXP）中的 booster stage 示例

1）C1～C4 切断正在进行；

2）D1～D4 使所有晶体管极化；

3）RE1～RE4 确保组件的中点；

4）R1～R16 均衡发射器电流的值，它们的误差和温度过高，并且同时将每路的出口阻抗调整为约 25Ω。

尽管具有良好的技术指标，但由于其组件数量、供应价值、拥塞和额外成本，它很少被使用。

2. C 类 booster 放大器

基本上，该 booster 是分立部件中的 C 类放大器，例如放置在 MiFare 读取器芯片（MF RC）某电路的出口处。

这种架构（由 Meusonic 公司构思，如图 4.2 所示）需要由传输部分（称为双稳态发射和接收分离的系统）分离的 HF 接收。我们必须解决 L 电路的调谐频率的值的精度与发起者功率（其频率不与石英相关联）中的 C 的精度之间的同步问题以及解调部分的同步问题，该解调部分在集成电路中与石英用于调制和电子编码。

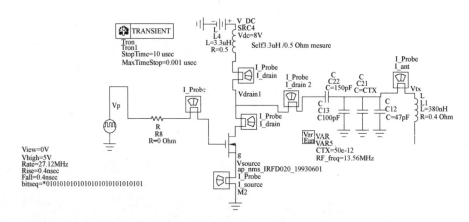

图 4.2 C 类放大器

（彩色版见 www. iste. co. uk/paret/antenna. zip）

3. 集成电路中的 booster 放大器

AMS 奥地利公司提出两个完全集成的 booster 电路，便于在某些条件下使用更高功率（1W）。这涉及在某些移动电话中到目前为 EMVCo 和 AS 39230 读取器应用的 AS 3911 电路。

（1）AM3911 和 AS3911B

AS3911 能够在对称模式以低至 1Ω 的输出电阻工作。针对 NFC，它的主要特性如下：

- ISO 18092（NFCIP-1）的发起者和接收者（只在激活模式）；
- ISO 14443 A 和 B 还有 FelicaTM 的读卡器模式；
- 2.4～5.5V 供电（3.3V 和 5V 模式）。

可达到的功率：

- 差分模式最大值为 1W（退出对称模式）；
- 单端输出模式最大值为 200mW（退出非对称模式）；
- 自动选择 ALM 和被动负载调制（PLM）（I/Q）解调器。

1W 的最大功率可以满足使用非常小尺寸的天线的特定应用，类似于 microSD 卡、SIM 卡、小 U 盾等使用环境复杂而且空间有限的设备。

图 4.3 所示为选自 AMS 公司的一篇应用笔记的实例图，这是一个 EMVCo 类型的读卡器应用，其天线是两匝 EMV 经典天线，直径为 7cm，电感 L = 590nH

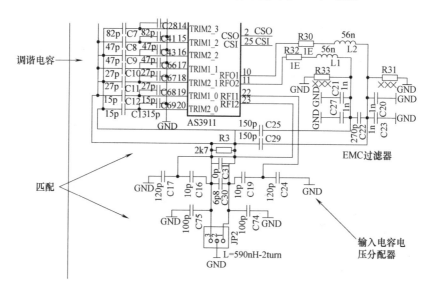

图 4.3　集成电路中的 Booster 放大器（来源于 AMS）

（2）AM 39230

据我们所知，AM 39230 电路目前仅供电话专业人员使用。

AM 39230 电路一方面增加了典型 NFC 控制器的模拟前端中的 booster 功能，另一方面实现了有效负载 ALM 的调制，其平均增加了接收者相对于 20 因子的发射器的反向调制的返回信号。通过经典的 PLM 方法（NFC 接收者在标签模式、卡模式或卡仿真中模式），该电路提供更多的互操作性和性能。这两个改进允许天线尺寸可以减小到（μSIM 的）约 10cm^2，因此这比 ID1 格式的经典解决方案更轻量。此外，ALM 的使用还允许在不好的环境中使用 NFC，例如金属盒，同时设想保持与 ISO 市场、EMV（银行）、CEN（运输）的大的一致性标准兼容。

总而言之，知道消费者市场将使用其移动电话或智能手表在商店中进行非接触式的支付，只有当这种技术在大众基础设施中使用时，无论将接收者（在有电池的卡仿真模式下）呈现给发起者的方式是什么，具有 ALM 的该解决方案将呈现出许多优点。

4.2.15　逆调制值的问题

在发出询问命令之后，发起者进入接收者的响应的监听模式。为此，发起者发出永久的纯载波并等待接收者发出其存在的信号，并借助于表示其电荷的变化的特定逆调制来响应，无论后者是主动的还是被动的，因为具有很小的电平，所以必须加以扩大（见第 3 章和第 6 章中的 PLM/ALM 部分）。

放大信号接收/前置放大器级

返回通信有可能无法建立。因为尽管接收者从远程馈送给发起者使其接收到足够的能量，或者虽然它是有电池的，但由于发起者不能解释其消息，返回通信依旧不能被建立。在这种情况下，需要在接收天线和发起者的集成电路的 Rx 输入之间放置一个前置放大器（其中存在源自图 4.4 中给出的 NXP 的示例的前置放大器），放大接收到的信号。

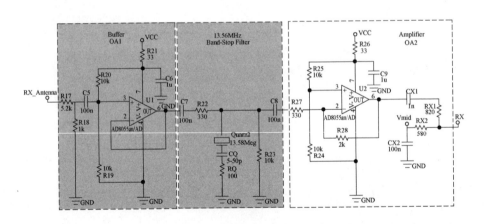

图 4.4　前置放大器（来自 NXP）

该电路的目的是拒绝频率为 13.56MHz 的正弦信号的载波，而仅允许位于中心频率两侧的逆调制副载波的两个频带。因此，该图由插入在两个联络能力的中心点和质量之间的由 13.56MHz 的石英制成的频率抑制滤波器组成。在其串联谐振频率中起作用的石英然后变成短路，因此，来自天线的 Rx 部分的 13.56MHz 的信号有非常高的精度。

借助于与石英的低值串联电阻来调节滤波器的系数/抑制深度，滤波器的带宽调整为 1MHz。

注意，这个阶段非常接近 Colpitts 振荡器，我们不保证其稳定性，同时用如上所述的电阻对所述石英的 Q 进行端口化。

在跟随器第一级增益 1 之后，当 $R\_series = 0$ 时，石英滤波器相对于滤波器输入端在 13.56MHz 频段降低 25dB，在 14MHz 频段降低 2dB，在 13 ~ 14MHz 之间有 23dB 的间隙。第二个运算放大器（op-amp）的固有增益为 5.46dB（$R_2/R_1 = 2k\Omega/330\Omega \approx 6$），本级输出端的电阻分压桥位于 Rx 引脚上，因此给出的总电压增益为 3.5。在频带外（滤波和放大）的 14MHz 则仅有 1dB 增益。

如有必要，请适度使用。

4.3　多天线中的大型天线

当我们不能摆脱耦合、远程电源、逆调制等问题时，使用大尺寸的单天线图，出于简化和简单的实施操作安全的原因，有时可以设想机械格式天线可以被细分为同时或临时复用的多个小天线，并且其总是需要设想解决方案的经济方面：

1）2 个小天线 + 2 个小的已知电路→不贵；

2）1 个大天线 + 1 个电路→更贵且需要技巧。

4.3.1　同步模式（暂时非复用）

1. n 个天线中的发射器的单天线的划分

为了成功地覆盖发起者的期望全部范围，我们检查了将初始大天线划分成 2 个或 n 个串联和/或并联安装天线的（小）网络的解决方案，每个较小的尺寸便于增加读取器天线和标签之间的耦合并且一起激励它们。

（1）流量加减法问题和"零线"区域

在同一区域的几个天线的这种同时操作模式不容易实现。事实上，根据叠加原理，一方面根据共面天线的绕组的方向；另一方面，在两个闭合环路的两个分支中同时循环的电流彼此不同，由磁场产生的磁通量，引发器可以被局部添加，被减去甚至从环到环和从线圈部件到线圈部件被消除，因为由发起者的每个天线发射的磁通量通过简单耦合接近（耦合系数 k）会导致或多或少的有害影响。

虽然在共面天线的情况下，天线之间的耦合系数具有弱值，但是所有相同的天线都必须注意局部天线的连接并且在共同分支具有场消除风险的通量方向，

（2）由于属于同一分支或相邻分支的天线的自发或无意耦合引起的问题

图 4.5 说明了不同的操作情况。

2. 在并串行安装中的 2 个或 $n \times n$ 个天线中的天线的划分

在第 6 章中可以看到这个原理的细节。

例如，采用由 4 个共面的、相同的天线组成的网络，其机械格式为总表面的

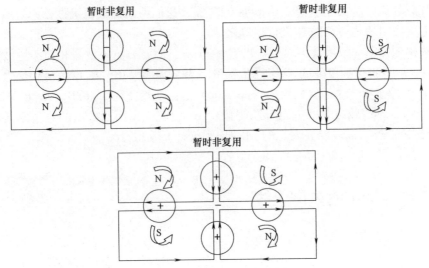

图 4.5　由分支到分支实例

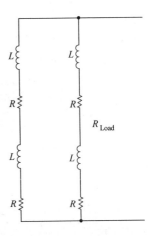

图 4.6　$n \times n$ 个
天线的情况

1/4，并且以使得磁耦合可以忽略的方式使彼此充分分离，如图 4.6 所示。

　　这 4 个新天线中的每一个具有与单天线严格相同的电气值（L 和 R）。安装的要求包括该网络的新阻抗严格等于初始天线的阻抗。实际上，与该天线网络等效的阻抗的值在开始时为 L（并联两个分支由串联连接的两个 L 构成）。注意，该原理可以明显地推广到每个由 "n 个相同天线" 组成的并行 "n 个分支"，其本身以串联方式布置。

　　3. 结论

　　尽管看上去是一个有利的技术，但是很难实现，因为总体上：

　　1）更好的场的划分；

　　2）引发器电流除以 2（两个并联分支）；

　　3）在相同的 L 中，由天线产生的通量 $\varPhi = LI$ 因此为一半；

　　4）在相同的 L 值下，天线在尺寸上更小，并且可以通过增加每个天线的匝数来尝试弥补它们中的每一个的表面损失；

　　5）难以消除零线，尽管选择卷起和产生的流动的方向，导致标签在待覆盖的表面中的某些位置杂乱；

　　6）如果不为空，则有附加的较小的成本。

4.3.2　暂时多路复用模式

　　在这种情况下，我们或多或少地回到已知的问题。这种情况下更容易管理各种影响，我们甚至可以做一个小的表面填补覆盖场的漏洞。这个解决方案需要电路命令 HF，NFC 标准 + 多路复用管理一般需要总线串行类型 I2C 或 SPI + 通信交换的管理软件，但所有这一切都不是很复杂。

通过已经在市场上提出和执行关于解决方案的几个想法，我们现在详细说明这种多路复用模式。

1. 临时多路复用天线网络

为了覆盖整个表面，可以通过两个或几个天线活动（2、3、4 等）通过 SPI/I2C 类型的总线暂时多路复用（因此，一个接一个的天线网络），每个具有触发器的特定电路（例如 CLCR 663）。

仅具有两个天线的解决方案（如图 4.7 所示）可以非常好地适应并且被用于必须覆盖例如 16cm × 8cm 的表面的发起者。

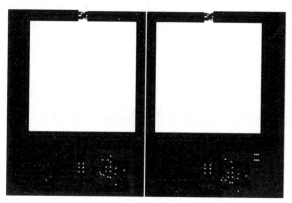

图 4.7　两个相同的 PCB 天线并列摆放

2. 有覆盖的临时多路复用天线网络

还可以通过天线的部分覆盖（如图 4.8 所示）来设想更精确地覆盖中心区域。

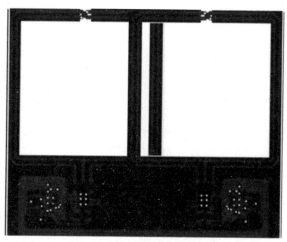

图 4.8　部分覆盖的两个天线

4.4　多设备中的大型天线

图 4.9 所示的解决方案使用 20cm×20cm 的表面去覆盖，通过时间简单的复用和在同一铜上的 4 倍的理论上的纯并列。该解决方案可以用于读取各种不同小物体（珠宝等）的存在和识别的应用，每个的碰撞和逆调制管理问题都将更容易解决。

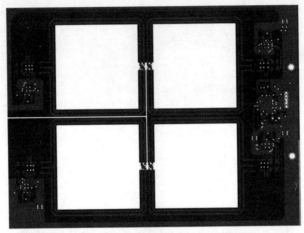

图 4.9　4 个相同的 PCB 天线的摆放

例如，在使用 4 个可临时多路复用的天线的情况下，可以设想几个非限制性示例/事件，见表 4.5。

表 4.5　4 个多路复用天线的情况

天线数目	形式和连接	复用模式	集成电路数	天线的表面覆盖	绕线和流动方向
4	相同的形式和值	在四个阶段，每个天线交替	4	无	所有阶段
					两个相反的阶段
4	相同的形式和值两个两个的串联	在两个阶段每个都有耦合天线分支	2	无	在同一时期
					两个相反的阶段
				有	在同一时期
					两个相反的阶段

安装的主要特点（如图 4.10 所示）首先使用的是：

1）磁通方向（这里所有绕组都在相同的方向）；

2）不能产生邻接/并置的分支上的字段的消除，因为每个天线的乘积字段不是同时的；

3）为了覆盖整个表面，天线必须彼此非常接近，当然不会被有源和无源之间的时间帧干扰；

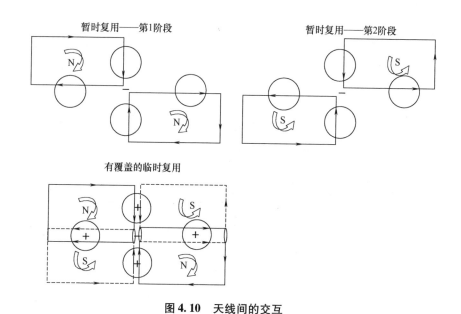

图 4.10　天线间的交互

4）当有源天线工作时，它在两侧具有两个接近和共面的天线，因此被动地被授权。由于耦合（k 很弱），因此这些无源天线会时刻致使天线的光失谐（见下文）。因此，我们必须考虑在 T 滤波器容量的帮助下稍微调整后者的调谐。在计算期间（见下文），由于天线之间的耦合，有源天线的电感值趋于减小一点，这使电容值显著增加。

结论

尽管有良好的技术外观，但可能性不足，因为：

1）需要更好的场的地理分布；

2）发起者的电流不是一分为二的；

3）在相同的 L 值下，由天线产生的磁通量 $\Phi = LI$ 是相同的；

4）在相同的 L 值下，天线较小，我们可以尝试补偿，同时增加每个天线的匝数有利于实现 $NI = H$；

5）更容易触碰零线；

6）如果不为空，则会有较小的成本产生。

4.5　发起者的其他示例

还有许多其他棘手的天线图。仅举几例：

1）单稳态发起者，有助于当其电池被撤出时成功远程供电到有电池的 NFC 接收者以保障安全交易（SE 安全元件等）。NXP 的 PN 544 和 PN 7120 及其天线的可能示例如图 4.11a 和 b 所示。

2）用一个天线的自适应调谐系统去补偿由于接收者的负载效应产生的调谐损耗。

3）图片展示了有两个不同天线的"双基"类型的发起者，一个用于传输，一个用于接收。

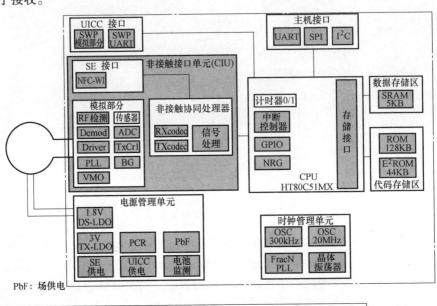

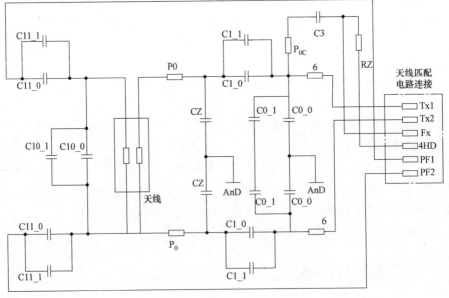

a)

图 4.11

a) PN 544（来自 NXP）的框图

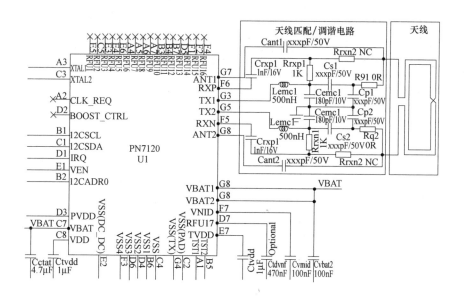

b)

图 4.11（续）

b）PN 7120（来自 NXP）的框图

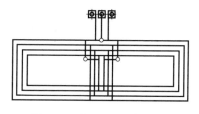

图 4.12 "bistatique" 型图

在前面用不小的篇幅介绍和讲述发起者后，接下来我们将开始讲述接收者的相关内容。

第5章 ●●●●

接收者和标签的天线：详细计算

本章旨在帮助理解"NFC 接收者"的天线概念。它分为 3 个部分：

1）被动式接收者；

2）标签天线（NFC Forum 标签）；

3）卡模拟模式下的接收者天线。

5.1 简介：接收者

首先，我们详细列出基于国际标准（ISO 和 CEN）、专有标准（NFC Forum，EMV 等）和其他新闻媒体传播的不同 NFC 设备"接收者"。

为此，这些"接收者/标签"必须根据模式、供电类型、逆调制原理这 3 个主要参数进行精细区分，这些原则将针对每种情况计算不同设计的"接收者/标签"天线，见表 5.1。

表 5.1　接收者分类

NFC 设备"接收者"	NFC 模式的通信接收者		供电类型		接收者朝向接收者的调制模式		接收者应用实例
	被动	主动	无电池	电池辅助	被动	主动	
普通"接收者"	√		√		√		标准标签.简单的智能卡"接近"、"精确"、NFC Forum 海报等
普通标签	√			√	√		带有语音讲解的博物馆参观徽章
普通"接收者"	√			√	√		手机模拟智能卡支付模式
卡模拟	√			√		√	手机模拟智能卡支付模式
点对点"接收者"		√		√	双向主动模式传输		发起者与接收者之间进行点对点数据交换

5.2　NFC Forum 标签

在开始之前，让我们回顾一下 NFC Forum 中的 NFC Forum 设备，它已经正式区分了"NFC Forum 标签"，同时创建了技术子集。

5.2.1　"技术子集"

NFC Forum 将 NFC-A 技术、NFC-B、NFC-F 分别从"技术子集"（细分）划分出来，其中"NFC Forum 标签"是与 4 个"技术子集"（和它们的相关协议）之一兼容的接收者，或者符合 ISO 18092-NFC IP1 标准的简单接收者。此外，出于继承原因，以下 4 个"技术子集"是基于市场上存在的产品（MiFare、FeliCa 和 Topaz）或纯粹符合 ISO 14443 标准的产品。

表 5.2 总结了 NFC Forum 到 2015 年 5 月的状态。

表 5.3 和表 5.4 详细说明了每个标签的一般属性。

表 5.2　NFC Forum——技术子集

活动	技术			
	基于 ISO 14443-A 的 NFC-A	基于 ISO 14443-B 的 NFC-B	基于 JISX 6319-4 的 NFC-F	基于 ISO 15693 的 NFC-V
监听、RF 碰撞避免、技术检测、碰撞分辨率	基于 ISO 18092-NFCIP1	基于 ISO 21481-NFCIP2	基于 ISO 18092-NFCIP1	基于 ISO 21481-NFCIP2
设备激活	基于 ISO-18092 的 NFC-DEP 协议	NFC-A	NFC-B	NFC-F	基于 ISO 18092 的 NFC-DEP 协议	NFC-F
		技术子集			
		类型 1	类型 2	类型 4A	类型 4B	类型 3		类型 5
		工业产品和相关协议			
		Topaz	MifareUL	ISO 14443-A	ISO 14443-B	Feilica		ISO 15693 (2015)
数据交换		商业产品			
设备停用		类型 1, 2, 3 标签的半双工协议	基于 ISO 14443 (-4) 和 EMV-CLESS 的 ISO-DEP 协议	类型 1, 2, 3 的半双工协议	

表 5.3　NFC Forum——标签

NFC Forum 标签	称呼	技术	技术继承	所占空间	传输速率（kbit/s）	产品举例
Type 1 标签	T1T	NFC-A 没有碰撞管理	ISO 14 443-A	96B~2KB	106	Topaz（创新）读/重写或只读类型的简单标签

（续）

NFC Forum 标签	称呼	技术	技术继承	所占空间	传输速率（kbit/s）	产品举例
Type 2 标签	T2T	NFC-A 有碰撞管理	ISO 14 443-A	48B ~ 2KB	106	（NXP）的 MiFareUltraLight 读取和重写和可配置的标签只读高达 2KB 的内存
Type 3 标签	T3T	NFC-F 有碰撞管理	JIS X 63194	<1MB	212 ~ 424	FeliCa（索尼）读取和可重写可预置的标签，或只读限制为每个服务 1MB
Type 4 标签	T4AT T4BT	NFC-A NFC-B 有碰撞管理	ISO 14 443-A ISO 14 443-B	32KB	106	兼容 ISO 14443（第 2 部分，第 3 类 A 和 B 和第 4 部分）- EMV CL 和 ISO 7816-4 底层和点对点协议
Type 5 标签	T5T	NFC-V	ISO 15 693 2015 版		Qq kbit/s	NFC Forum 正在验证"NFC-V"技术和标签所谓的"T5T"对应于 ISO 15693 标准的 Vicinity 卡
Type 6 标签	T1T T2T	NFC-B 有碰撞管理	ISO 14 443-B			NFC Forum 的当前规范不会在 ISO 14 443 B 中描述 Type 1 和 2 的简单标签

表 5.4 NFC Forum 与 ISO

2015 年 5 月	ISO 14 443	JIS X 63194（FLICA）	ISO 14443 A	ISO 15 694
标准	ECMA 362 NFC IP 2			
标准	NFC Forum		- - - -	
"技术"	NFC-A	NFC-F	NFC-B	NFC-V
标准	ECMA 340 NFC IP1			
编码比特				
上行链接	改进米勒	曼彻斯特	NRZ	课程定义
下行连接	载波的曼彻斯特码	载波的非标准曼特斯特码	NRZ 编码的 BPSK	
传输速率/(kbits/s)				
上行链接	仅 106	212 和 424	仅 106	
下行链接	仅 106	212 和 424	仅 106	
载波调制				
上行调制	ASK 100%	ASK 8% ~ 30% 8% ~ 14%	ASK 8% ~ 14%	

（续）

2015 年 5 月	ISO 14 443	JIS X 63194 （FLICA）	ISO 14443 A	ISO 15 694
下行调制	OOK 加载调制	OOK 加载调制	OOK 加载调制	
	PCD & PICC			
磁场				
下行链路				
H_min rms	1.5A/m 不可行	1.5A/m 不可行	1.5A/m 不可行可行	
H_max rms	7.5A/m 不可行	7.5A/m 不可行	7.5A/m 不可行	
回溯调制				
下行链接				
H_min rms	不可行	不可行	不可行	
技术子集	T1T T2T T4AT	T3T	T4BT	T5T

5.3　天线接收者/标签问题介绍

所有"形状因子"和所有标准的 NFC 接收者/标签和非接触式设备（接近 13.56MHz）都按照类似的原则在"空中接口"中运行，主要是由于存在电感 L 和电容 C 之间的谐振调谐电路，使我们能够获取足以激活该设备内的通信和功能集成电路的最小电压（$V\_threshold$）。

5.3.1　接收者/标签的调谐

进行这种调谐通常的习惯是使用 LC 型电路，并且在称为载波频率的承载频率上调谐。该电路的调谐频率由经典公式 $f = 1/(2\pi\sqrt{LC})$ 算出，例如，在调谐频率 $f\_carrier$ 为 13.56MHz 的情况下，$\omega = 85157 \times 10^6 \text{rad/s}$，电感 L 单位为 μH，电容 C 单位为 pF 时，当产品 LC 的值为 137.8 时，填充条件 $LC\omega^2 = 1$。表 5.5 给出了两个值 L 和 C 进行完美调谐的可能性的一些例子。

表 5.5　耦合电感 L（单位为 μH）和电容 C（单位为 pF）

C	L
pF	μH
15	9.2
30	4.6
60	2.3
100	1.37

（续）

C	L
pF	μH
150	0.92
220	0.63
330	0.42
390	0.35

5.3.2　电感 L

构成非接触式设备的电感 L 的绕组通常使用沉积的导电油墨或闪光油墨的线，以及印刷的柔性电路/膜，铜或铝的蒸发沉积物。一般来说，我们可以选择最适合于这种情况的接收者和标签的天线的值，详细地计算电感是机械负载相关的重要细节（例如，小尺寸天线的 Type 4～6 的 ISO 14443 卡格式，即接近 SIM 卡或 μSIM 卡），绕组周围的电磁环境（金属，外壳，电池等）通常是固定的。实际上，在这些应用中，电感值都是接近期望值，但不是绝对等于期望值。

通过观察表 5.5，在 13.56MHz 下，必须记住两个重要的事情：

1）由于可工业生产的物理最小电容（约 10～15pF 通常被认为足以消除所有寄生和分散电容的值），电感的最大值相对有限（约 10μH）；

2）由于诸如 μSIM 卡等表面上的绕组可实现的小尺寸，最小值也受到限制（约 300nH）

总结：当 ~300nH < L < ~10μH 时，我们必须对其管理。

5.3.3　电容 C

为了调谐电感 L，我们必须有一个电容 C。

1. 标称值

通常，由于物理和数学关系，要将磁场 H_min（A/m）的最小强度与非接触设备（标签等）的应用频率值联系起来，也就是说，LC 电路必须在载波的入射频率上调谐，但是在现实中，这不是绝对的。

事实上，LC 调谐频率值的选择不是无关紧要，而是与战略应用选择有关。尽管能量传递的理论最优是将接收者/标签的频率调谐到入射波的载波频率的理想最佳值，但令人关注的是，接收者的调谐具有朝向较大的频率（15～19MHz 之间）自适应偏移（差）的现象（如图 5.1 所示）。这使得我们在进行天线设计时，容忍 NFC 设备总是存在的不良干扰效应（如手、电池、铁氧体屏幕等的存在）以及重叠放置在一起的其他接收者的存在（比如叠放在一起的卡片，公文包里面的多张卡，护照上的多张签证等），而如何去与这些效应共存，该偏移（小或大）的值留给开发者选择（见图 5.1），因为它在结构上是应用程序的一个功能，这通常意味着对于产品的类似设计和其天线的 L 值，我们有义务根据客户及其应用（例如在 10 ~ 390pF 的 13.6MHz）使用不同的电容值。

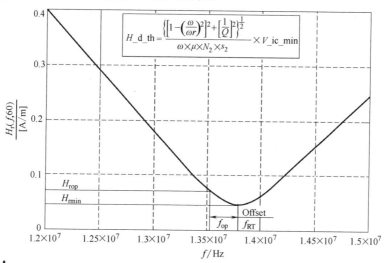

$$H\_d\_th = \frac{\left\{\left[1-\left(\frac{\omega}{\omega r}\right)^2\right]^2+\left[\frac{1}{Q}\right]^2\right\}^{\frac{1}{2}}}{\omega \times \mu \times N_2 \times s_2} \times V\_ic\_min$$

图 5.1　基于调谐频率的磁场 H

还有许多技术可能性来满足这些最后的值，一般来说，它们各有优点和局限性。事实上，这些可以是

1）集成电路中的硅（预定义）定义值（根据类型，相关市场和制造商通常为 20pF、50pF、70pF、90pF），电气特性的公差等；

2）对不具有内部电容的集成电路，采用完全的外部分立电容。要么是常规的分立元件（20 ~ 400pF），要么是采用丝印技术的电容（20 ~ 60pF）；

3）集成电容、常规的分立电容与丝印电容同时采用。

2. 精确度

标称值也意味着精度和误差。

分立电容通常比丝印电容（采用光刻制版，微调绝缘体的导电系数，控制绝缘体的的厚度）具有更小的误差（几个百分点范围），而集成电路的集成电容通常具有 ±15% 的误差。不同非接触部件的调谐频率 $f = 1/(2\pi\sqrt{LC})$，这种精度不准的发生率或误差将以 $\frac{1}{2}\frac{\Delta C}{C}$ 的形式影响频率值。

除了精度不准和误差外，还必须考虑温度、湿度等对电容值的影响（例如在汽车中，对于非接启动标签/钥匙在 -50 ~ 75℃ 温度区间能够正常工作），有时会出现容量漂移现象（比如老化漂移等）。

3. 电容电气性能

当然，在选择和设计非接触式系统的期间，我们会对部件性能感兴趣，而对于电容来说，前两个考虑的是串联（或并联）电阻值和派生参数，这是该电容的品质因数 Q。

电容的品质因数 Q

调谐电路的这个特性参数需要专门讲述，因为它是非接触式设备中的一个基础概念，经常会讨论和测量它。

由于实际电感 L 不能达到理想值且都有自己的物理电阻 R，所以任何一个 LC 调谐电路都具有特定的品质因数 Q。从技术上讲，品质因数通常取数百或更多的值。同时，NFC 或 RFID 应用相互支持，一方面通过数字比特率和已知编码比特、冲突管理流程、载波和副载波等标准和协议来统一管理，另一方面，它们必须满足辐射强度管理条例和电磁污染规定（欧洲 ERO-ERC 70 03，美国 FCC47 第 15 部分等）。上述数字比特率以及由标准（上升时间，下降时间，截止时间等）规定的信号形式意味着确定的带宽大小。因此，RLC 电路的品质因数 Q 的应用值是必需的。通常，借助于用于 NFC 设备（$2\sim5cm$）的外部组件，电路被带回到 $Q\approx20$ 的数值；近距离应用类型的 ISO 14443 卡（几厘米至 15cm）Q 值约为 $70\sim80$；还有比较少的应用超过这个值，RFID ISO 18000-2（125k）、RFID ISO 18000-3（13.56MHz）或者 ISO 15693 邻近应用（$50\sim70cm$）或其他类似标准的 RFID（比如 Hitag、Legic、EM 等），其传输速率都低于 ISO1443。

强调一下"非接触式"应用的两个特点：

1）一般来说，分立电容的品质因数 Q（1000 及以上）非常好，被外部实现应用要求的 Q 值（$20\sim80$）强烈地"超越"。

2）此外，应用的品质因数 Q（$20\sim30$）的值仅在当集成电路处于弱磁场中激活启动阈值（相当重要）时才需要并且起作用。之后，由于集成电路的应用中的实际操作（账号变更，实现加解密等操作）和当强场仅大大降低 Q 应用值时的常规电压分流管理，集成电路会消耗更多能量。

4. 性能测量

存在与非接触设备相关的许多类型的测量，特别是调谐频率的值、品质因数 Q、带宽的宽度、逆调制电压等（参见本书第 2 章中关于测量和测试的约束）。有些是容易测量的，有些则需要更加精确。有时，某些是从其他信号的测量获得和导出的（例如从上升沿和下降沿等）。还需要注意的是，某些类型的测量（特别是诸如 EMV 和 NFC Forum 的专有技术规范的测量）仅在要测量的某些重要物理现象（磁场值，负载效应和逆向调制）内给出视图。无论如何，当我们想要符合标准（例如关于智能卡的 ISO 14443 或关于 RFID 的 15693 和 18000-3 或关于 NFC 的 ISO 18092 和 21481）时，就必须接受与这些标准相关的"一致性测试"标准，其中最著名和详细的是 ISO 10373-6 标准（2015 年第 3 版的第 350 页），其中的所有描述都非常好。

示例：逆调制测量

为了帮助大家更好地理解，我们将详细地描述通过被动负载调制（PLM）的被动充电变化值进行逆调制电压的测量，其通常会从选择卡片的调谐频率时，也就是从电容值的选择开始，产生错误和长时间的竞争。

简而言之，逆调制是一种物理现象，其允许发起者识别接收者/标签，同时借助于特定编码位（MCS 曼彻斯特编码副载波或 BPSK 二进制相移键控）进行（无源）调制（负载调制），从而产生严格对称频率值载波的两个频率子载波（在后者的 +／−848kHz 处）的存在。如图 5.2 所示。

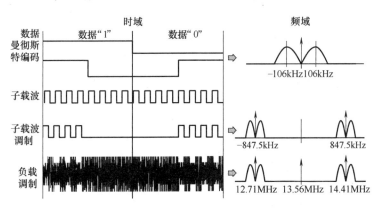

图 5.2　子载波的位置

现实情况是非常不同的，因为卡的调谐频率的自适应偏移（见前文）的特定选择，使两个子载波的频率虽然保持与载波严格对称，但是在幅度上完全不同，一个大，一个小。在发起者天线处，同步解调器允许检测和解析集成调制在两个副载波中的能量中的消息，就必须测量整体能量值。这就是为什么 ISO 10373-6 标准表明在一系列实例的帮助下使用该特定的能量测量方法，然后使用离散傅里叶变换（而不是快速傅里叶变换）计算数字化信号，通过 Bartlett 三角窗函数，最后利用希尔伯特变换进行检测，而不是诸如某些专有文档需求（EMV 和 NFC Forum）等信号的，峰间信号振幅的简单测量。

5.3.4　应用领域和额外功能的使用

正如我们已经指出的，13.56MHz 的非接触领域的技术应用非常多样化。它主要包括：

1）传统非接触式 ID1 格式的接收者/标签/智能卡（银行应用、支付应用、类似于 Calypso/Navigo 的运输应用），基于一些明确规定的专有国际规范和标准；

2）配备了 booster 技术天线的具有接触和非接触式的经典双界面卡；

3）门禁卡（写字楼、办公室、停车场、滑雪场等）和会员卡等，无论是符不符合 ISO 标准或基于制造商的其他专有标准；

　　4）非接触式 SIM 卡等；

　　5）最后，所有的 NFC 应用和大量的 RFID 应用。

　　由于生产成本的原因，这些接收者/标签的天线（通常使用导线或者使用刻蚀/蚀刻的铜/铝的减成技术或者使用具有沉积的油墨的添加技术等）具有尺寸减小的趋势，因此降低它们的电感值 L，作为补偿增加 LC 电路调谐的电容值。例如，我们所说的"fobs"（钥匙圈）、徽章、手表、运动手环、标签运输票、U盾、植入幼鼠/蚂蚁/蜜蜂的用于医疗检测的标签，简而言之，需要减小天线的机械尺寸，因此，需要比常规系统中存在的 L 电感值更小且调谐电容值更高。

　　表 5.6 概括了频率在 13.56MHz 的常见用途的一些示例，其中使用外置电容是合理的，以便实现产品的功能。

表 5.6　13.56MHz 频段的外置电容的常见用途的例子

用　途	L	C	集成电路	外置电容	说　明
	μH	pF	电容/pF	pF（E12 序列）	
RFID/NFC 标签 ISO 15693 ISO 18000-3 其他标准	9.2	15	15～20	无	标签更便宜以支持附加层的成本
传统智能卡和 Type 1、2 双界面卡	4.6	30	20～21	无	卡被调制到 15/19MHz
传统智能卡和 双天线小尺寸的 Type 3	2.3	60	50～70	无	按照集成电路的成本
			20～21	47～68	为芯片供应商的选择提供更大的灵活性
小天线 RFID	1.6	90	90	无	示例：电路 I-CODE-NFC IP2 成本问题
小尺寸类别 3、4 的 NFC 设备天线卡	1.4	100	20～21	82	外置电容
有"Booster"天线的 类别 4 双界面卡			50～70	47～27	放置外置电容的空间很小
SIM 卡形式的 Type 5、6 天线 NFC 设备	0.9	160	20 70	120～150 68	外置电容
μSIM 形式的卡 Type 6 NFC 设备	0.35	400	20	390	外置电容

经济方面

　　在表 5.6 中，我们指出了基于成本优势方面在 NFC 中使用外置电容的各项因素，还有其他不同的方面的考虑。我们在综合介绍的开头中列出了多种技术可行性。

（1）集成在芯片上的电容

在集成电路中使用预设的固定值（根据型号、相关市场和生产者，通常是 20pF、50pF、70pF、90pF）解决方案原则上是最经济的。只有在电容容量取值范围足够的情况下是这样的，如果"高电容量"（70pF 和 90pF）值具有与"低电容量"解决方案非常相近的价格，并且如果后者没有足够电容取值范围则不能保证经济性，这是和市场细分功能相互关联的。

（2）分立电容

在集成电路外部使用分立电容（传统部件，电子印制技术等）的解决方案具有很大的灵活性和设计自由度。我们必须考虑到，通常集成电路只有两个连接焊盘，这两个焊盘必须连接天线。在芯片和外置电容之间采用"绑定"连接（直接连接或通过导线连接）是个可行的方案，当然应用要能接受这个追加成本。

（3）集成电容和外部分立电容的结合

当以上两种解决方案都不能应用时，我们可以采用集成电容和外部分立电容的结合方案，这样可以对内部电容取最大值并减小外置电容的尺寸和体积。对于这种方案，功能比成本更重要。

5.4　最好的天线尺寸

下面讨论位置和尺寸：

1）关于天线尺寸和形式的 ISO 标准；

2）天线类别；

3）EMV 标准的一些技巧。

5.4.1　接收者天线的尺寸

接收者天线尺寸符合 ISO 或 NFC Forum 标准化尺寸格式，但还存在很多非标准化尺寸，从超大尺寸（例如每个照片、平板设备等）到超小尺寸（如识别幼鼠的标签）等。我们从市场上很常见的小尺寸开始讨论。

ISO 14 443 天线类

对于接近式卡，ISO 14443 标准规定了 PICC（接收者）的可能的天线尺寸的"类别"，从较大格式 ID1 类别 1 到较小格式，以及迷你卡类型 SIM 类别 6。

注意，只有天线符合 ISO 14443-1 标准修订 1（如图 5.3 所示）所述 6 种类型的设备才能被批准命名为"ISO 14443"的类别 X 进行销售。

在附图（如图 5.4 所示）中：

1）非阴影区域是可以自由放置天线绕组的表面/区域；

2）阴影区域出于机械原因必须保持没有任何部件（线圈、外置电容等）的表面/区域。

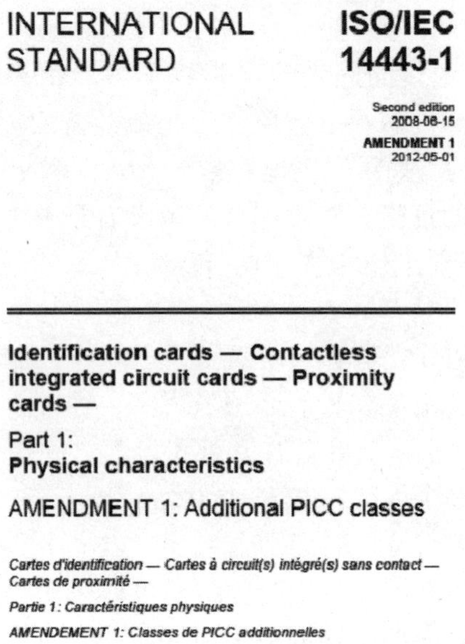

INTERNATIONAL STANDARD

ISO/IEC 14443-1

Second edition
2008-08-15
AMENDMENT 1
2012-05-01

Identification cards — Contactless integrated circuit cards — Proximity cards —

Part 1:
Physical characteristics

AMENDMENT 1: Additional PICC classes

Cartes d'identification — Cartes à circuit(s) intégré(s) sans contact — Cartes de proximité —

Partie 1 : Caractéristiques physiques

AMENDEMENT 1: Classes de PICC additionnelles

图 5.3　ISO 14443-1 标准修正案 1 的传真件

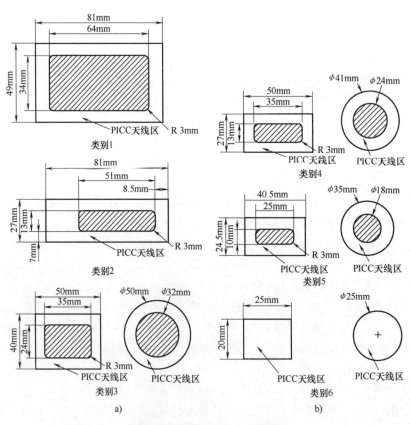

图 5.4　a）类别 1～3 强制支持　b）类别 4～6 可选

5.4.2　ISO 接收天线类别的应用示例

下面给出了 NFC 设备中这些天线形式的一些应用领域的具体例子。

1. 类别 1

这类天线的形状和表面覆盖了 ID 1 卡或通用集成电路卡（UICC）的外形尺寸 85.60mm×53.98mm，标准智能卡、办公室门禁卡、访客卡都符合这个外形尺寸，这是一个很重要的标准。这些 NFC 设备通常不具有电池，但有时也是有电池型（具有非常薄的"纸电池"），因为有一些设备具有小的显示屏及其相关的电子器件。

2. 类别 2

虽然很多卡、徽章、标签或接收者使用机械格式 ID1，但由于外部机械原因（接收者表面凹凸不平、有固定孔等原因），通常不可能把类别 1 天线安装在所有接收者的表面上。

3. 类别 3、4、5

非常多的工业应用使用这些类别的天线。

4. 类别 6

类别 6 是根据 mini SIM/2FF（25mm × 15mm）和 microSIM/3FF（15mm × 12mm）的尺寸设计的小型天线。这两类天线应用于数百万个带电池的"可穿戴设备"（手表、运动手环、健康小配件等），这些设备通常具有小天线并采用主动负载调制方式（ALM），在具有小电池的边缘上显示出对负载效应的影响很小。

从类别 3~6，可得出如下结论：

1）天线可用表面越来越小；

2）直接从较弱的磁通 B 引起；

3）对场 H 越来越高的需求。

5. ISO 14443 之外的 NFC 天线格式

NFC ISO 18092 或 21481 标准没有定义天线类别，并且限制自己定义（形状因子）格式，可以针对特定应用自由选择每一个格式，包括使用 ISO 通过的大格式 A4 A3 或所有小型天线，也包括在卡模拟模式下移动电话上验证过的那些天线。当然，NFC 的体系中不仅有 ISO 14443，还有 NFC Forum 和 EMV，它们还为其测试平台定义了单独的天线。

6. 磁场 H 的相关值

一方面，这些接收者的电感的尺寸和值的减小，另一方面，集成电路（所需的功能等）是原样的，为了远程供电，需要重新调整其操作所需的磁场的标准化值。因此，根据上面给出的类别，ISO 14443-2（见图 5.4）定义（新）磁场的值，以使"纯"ISO 发送者和接收者能够进行正确操作。

让我们详细考虑本标准的某些部分。

接近耦合设备（PCD）（发起者）：

1）必须支持"类别1"，"类别2"和"类别3"的 PICC（接收者）；

2）可以最终支持"类别4"，"类别5"和"类别6"的 PICC；

3）必须产生至少 H_{min} 并且不超过 H_{max} 的场。

PICC（接收者）：如果 PICC 响应某个类别的要求，则该 PICC 必须在为其类别定义的 H_{min} 和 H_{max} 值之间持续支持相关功能（见表 5.7）。这包括标准中定义的 PICC 的所有要求。

表 5.7 按类别分类的 H_{min} 和 H_{max}

	$H_{min}/[\text{A/m（rms）}]$	$H_{max}/[\text{A/m（rms）}]$
"Class 1" PICC	1.5	7.5
"Class 2" PICC	1.5	8.5
"Class 3" PICC	1.5	8.5
"Class 4" PICC	2.0	12
"Class 5" PICC	2.5	14
"Class 6" PICC	4.5	18

关于如何测量这些磁场的一些补充

我们还发现在相关的 ISO 10373-6 测试标准中给出了与上述列表相同的值，这个测试标准是 ISO 14443 标准的对应关联的部分。此外，为了能够估计这些场，标准中介绍了一个校准线圈，引入了由直径为 150mm 的线圈组成测试 "PCD 组件"，基于这个线圈可以利用以下通用关系式计算：

$$H(a,r) = \frac{1}{\left[(1 + a^2)^{\frac{3}{2}} \right]} \times H(0,r)$$

这个公式很适合用于位于天线轴上的空间的一个点上导出场 H_d（参见第 2 章的计算）。

> 【实例】 对于 ISO 10737-6 接近耦合设备（PCD）天线直径为 15cm，我们从 7.5A/m 的场通过到 1.5A/m 的场（比率为 5），当 PCD 天线与卡之间的距离的关系系数大约为 1.4 时，PCD 半径为 $1.4 \times 7.5 = 10.5$cm 的距离。因此，提供 7.5A/m 磁场的 $H(0)$ 的 PCD 将能够读取从 0cm 到约 10.5cm 的所有 ISO 卡（因为之前已知 ISO 卡规定最小感应值为 1.5A/m）。

7. 计算磁场和磁感应的最小阈值

本节是本章最重要的部分之一。要理解这一切，让我们从电路方面进行分析。

接收者的电路分析

图 5.5 所示为接收者的高频（HF）部分的等效电路图，图中存在电阻 R_p（等

效于 R_{ic} 与 R_2 电阻并联恢复到并联）。

接收者"由集成电路调谐的天线"（L 等效于串联到 R 和 C 的并联电路）的等效图可以在其并行形式下表示，其中我们可以调用：

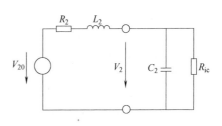

图 5.5　接收者的 HF 部分的等效电路图

$L_{2p} = L_{2s}$ – 线圈的电感/天线的电感

$C_p = C\_accord + C\_ic + C\_con + C_{2p}$

　　= 以下部分的和：

1）调谐电容（需要时增加外置电容）；

2）电压阈值下的集成电路内部电容值；

3）并联连接电容；

4）天线线圈的并联电容 C_{2p}。

$R_p = (R\_ic \times R_{2p})/(R\_ic + R_{2p})$

　　= 集成电路内部电阻 R_ic 和天线线圈的等效并联电阻 R_{2p} 的并联。

且 $L_{2p} \times C_p \times \omega\_r^2 = 1$　　ω_r 是卡共振产生的脉冲频率；

且 $Q_{p2} = R_p/(L_{2p} \times \omega\_c)$　　ω_c 是工作脉冲频率（载波）。

注：通常情况下，接收者失谐于载波，ω_r 与 ω_c 不相等。

下面是计算集成电路极限情况下 v_ic（v_2）电压的通用等式（其中//符号表示并行）：

$$v\_ic = \frac{(R_p /\!/ C_p)}{Z\_L_{2p} + (R_p /\!/ C_p)} \times v_{20}$$

展开化简，代入感应电压 v_{20} 的值（$-jM\omega I_1$），转换为

$$v\_ic = \frac{1}{(1 - L_{2p}C_p\omega^2) + j(L_{2p}\omega/R_p)} \times (-jM\omega I_1)$$

设 $(L_{2p}C_p\omega r^2) = 1$，由表示本式结果的复合变量值可以推导出 V_ic 的模数值：

$$V\_ic = \frac{M \times \omega \times I_1}{\left\{\left[1 - \left(\dfrac{\omega}{\omega r}\right)^2\right]^2 + \left[\dfrac{L_{2p} \times \omega}{R_p}\right]^2\right\}^{\frac{1}{2}}}$$

V_ic 与 I_1 成正比，已知 $(M \times I_1) = N_2 \times \Phi_{21} = B\_d \times N_2 \times s_2 = \mu \times H\_d \times N_2 \times s_2$，可以得出

$$V\_ic = \frac{\omega \times (\mu \times H\_d \times N_2 \times s_2)}{\left\{\left[1 - \left(\dfrac{\omega}{\omega r}\right)^2\right]^2 + \left(\dfrac{L_{2p} \times \omega}{R_p}\right)^2\right\}^{\frac{1}{2}}}$$

所有条件相等，V_ic 与 H_d 成正比。

8. 磁场最小阈值

因此，根据 V_ic 电压（或反之亦然），磁场的强度值 H_d（相对于距离

d）为：

$$H\_d = \frac{\left\{ \left[1 - \left(\frac{\omega}{\omega r} \right)^2 \right]^2 + \left[\frac{L_{2p} \times \omega}{R_p} \right]^2 \right\}^{\frac{1}{2}}}{\omega \times \mu \times N_2 \times s_2} \times V\_ic$$

为了接收者 IC 芯片功能正确并且工作正常，V_ic 电压至少达到由制造商给定和保证的最小电压 V_ic_min，而不依赖于发起者提供的载波频率的值。通过在等式中引入 $Q_{p2} = L_{2p}\omega/R_p$，要想达到 V_ic_min，则对于被称为阈值 H_d_t（在距离 *d* 处作为阈值的"*d_t*"）的磁场值为

$$H\_d\_t = \frac{\left\{ \left[1 - \left(\frac{\omega}{\omega r} \right)^2 \right]^2 + \left[\frac{1}{Q_{p2}} \right]^2 \right\}^{\frac{1}{2}}}{\omega \times \mu \times N_2 \times s_2} \times V\_ic\_min$$

对于施加最小电压 V_ic_min 的接收者集成电路，H_d_t 相对于 ω（或对于 *f*）的变化曲线示例将在图 6.2 中再次呈现，或见以下等式：

$$H_{min} = \frac{min V_{IC}}{\sqrt{2}} - \frac{\sqrt{\left(\frac{\omega \cdot L_{coil}}{R_{IC}} + \omega \cdot R_{coil} \cdot C_{sys} \right)^2 + \left(1 - \omega^2 \cdot L_{coil} + \frac{R_{coil}}{R_{IC}} \right)^2}}{\omega \cdot \mu_0 \cdot A \cdot N}$$

对于其将施加最小值 V_ic_min 的接收者集成电路，图 5.6 的曲线给出了 H_d_t 相对于 ω（或 *f*）变化曲线的一般形状。

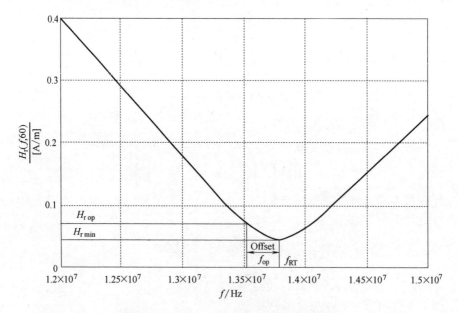

图 5.6　H_d_t 相对于 ω（或 *f*）的变化曲线

具体情况或接收者严格调谐

当精确地调谐接收者（$\omega\_c = \omega\_r$）（实际上由于 L 和 C 取离散值，很少出现这种情况），并且 $Q_{p2} = R_p/(L_{2p} \times \omega\_c)$，上述方程采用以下简化形式：

$$H\_d\_t = \frac{1}{\mu\_0 \times N_2 \times s_2 \times Q_{p2} \times \omega\_c} \times V\_ic$$

在 $S_2 = N_2 s_2$ 的情况下，在 13.56MHz 频率该等式变为

$$H\_d\_t = \frac{V\_ic}{107 \times S_2 \times Q_{p2}} S_2 (\text{单位为 m}^2) \rightarrow = \frac{9350 \times V\_ic}{S_2 \times Q_{p2}} S_2 (\text{单位为 mm}^2)$$

根据给定 $H\_d\_t = f(Q_{p2})$ 方程的双曲线形式，通过增加质量因子 Q_{p2} 的值来减小 H_d_tce 值的预期有点不现实，但是可以通过公式引导选择适合于应用的 Q_{p2} 的值，并定义出天线线圈的电阻。

借助强大的调谐频率技术（"偏心调谐"），接收者当然能够获得一个阈值磁场强度，其高于接收者在载波频率上调制的磁场强度。例如，在所有条件相同的情况下，调谐到 16.95MHz 的接收者想要正常工作需要 1.2A/m 而不是 0.2A/m，而在 13.56MHz 的载波上严格调谐的相同组件只需要 0.2A/m 就可以工作。

> **【实例】** 例如，让我们检查当天线在相同电感值（L_{2p} = 常数，因此 Q_{p2} = 常数）时，将发生什么，我们通过修改调谐电容人为地自动"失谐"后者的调谐频率（实际上，使用给定的集成电路，也就是在给定的输入电容下，我们将只能够调整天线电感值，参见表 5.8）。

表 5.8 失谐对场值 H_d_t 的影响

接收者			T0	T1	T2
发起者的工作频率	f_c	MHz		13.56	
接收者的调谐频率	f_t	MHz	13.56	16	19
f_t/f_c 关系	f_t/f_c		1	1.18	1.40
发起者在 $d = 0$ 时提供的磁场	H_0	A/m eff		4	
发起者在 $d = 0$ 时提供的电感	B_0	μT eff		5	
$V\_ic\_min = 4V$ 时的门限电感	B_d_t	nT eff	222	825	1507
$(B\_0/B\_d\_t) = (1 + a^2)^{3/2}$	B_0/B_d_t		22.5	6	3.3
因此 $a = d/r$ 约为	a		2.63	1.65	1.25
所以 $r = 7.9$cm 时的操作距离	d	cm	21	12.6	6.3

5.5 NFC 接收者和标签的工艺特性

5.5.1 NFC 接收者使用的集成电路数据规范

每个集成电路制造商（NXP、英飞凌、ST 等）提供的 NFC 接收者芯片都有自身显著的特性（在相同的产品应用范围）。集成电路的相关电特性数据通常仅在签

订了保密协议（NDA）情况下提供的标准数据手册中给出，主要包括：

1）工作阈值电压（$V\_threshold$）；

2）在工作频率和达到阈值电压情况下测量的输入电容；

3）工作阈值电压下的输入电阻（即功率）；

4）正常工作情况（远程供电情况下完成类似于加解密的功能）下的输入电阻（即功率）。

同样，集成电路的相关机械特性数据为

1）在 XY 坐标系中的芯片硅尺寸；

2）用于实现最佳连接的天线绘图/焊盘（连接到外部引脚）的位置。

5.5.2　外置电容的数据规范

当集成电路提供的内部电容太小而不能与天线电感配合进行调谐时，我们需要增加外置电容。

举其中一个例子，IPDiA 公司提供值为 47 ~ 150pF 的一系列薄电容（厚度为 100μm），供选择的电容值范围很大，很容易选到合适的电容值并且做成贴膜集成在天线上或者嵌入到天线中。

5.5.3　天线技术的工业数据规范

本节旨在指出技术的原理性能（质量和限制），可以用于制造标签天线，并且有助于在不同方案中进行选择。主要有以下几个关注点：

1）材料：铜、铝、沉积油墨等；

2）装配技术：桥、带"过孔"的双层电路板等；

3）天线类型：常规印制电路、柔性、塑料片、折叠条等；

4）相关成本。

5.5.4　技术要点

标签天线可以根据许多不同技术来实现。

在不考虑使用何种几何形状（圆形，正方形，矩形等）的情况下，"感应"类型的天线的技术可以分为以下 3 个主要部分：

1）与天线绕组相关的技术；

2）支撑物的类型（印刷电路板，柔性膜等）；

3）天线与集成电路连接相关技术，标签和外置调谐电容的连接技术。

1. 天线绕组的制造技术

使用线轴缠绕天线线圈的技术方案有多种，主要解决方案的清单总结在如下。

（1）借助铜或铝线的天线绕组

1）可以采用中空方式的绕组；

2）或者采用磁场感应线集中的铁氧体棒上的绕组。

出于成本原因，这当然是想到的第一解决方案。传统上的天线绕组由铜或铝绕线（圆形或矩形）组成。考虑成本、绕组厚度、机械柔性等因素，许多其他技术也用于非接触式市场。

（2）蚀刻天线

蚀刻天线通常如下实施：

1）在常规薄印刷电路的刚性支撑上；

2）或在柔性支撑物（膜）上，利于生产柔性标签/标牌。

为了得到更好的性价比，在 13.56MHz 频率（以及 UHF 860～960MHz），工业市场中天线的生产的主要采用印制电路板和柔性薄膜电路技术，按当前工业工具的性能，制造标准如下：

走线最小宽度：　　　　走线　100～200μm

走线之间的最小距离：　间隙　100～200μm

走线厚度：　　　　　　厚度　35μm 和 70μm

这些制造业（技术和经济上）需要考虑：

1）铜沉积厚度（规模生产的成本和难度）；

2）匝之间的间隙（间隔/距离），以避免导体部件污迹（铜等）引起的短路。

可以考虑的最后一点是利用新推出的技术支持减少产品（铜和铝）的损失：利用雕刻技术。如果天线网络的表面占据所有支撑面积，天线线圈使用了印制电路板的覆铜面，用酸腐蚀方式制作印刷电路就导致损失大量的铜。

（3）印制天线采用导体油墨的沉积生成

我们还可以在刚性或柔性绝缘支撑物（纸张，纸箱等）上沉积导电油墨（糊＋碳＋银），以取代通过化学工艺提取铜/铝的方法，（在理论上）可以降低成本。这种沉积可以通过以下方式实现：

- 丝网印刷，利用牙膏状的导体膏的沉积。

这种天线虽然降低了生产成本，但造成了以下问题：

- 墨水需要涂均匀，以便产生并确保线圈之间的小间隙；

- 干燥时间相当长，以保证良好的导电性和量产品质（欧姆电阻，即品质因数 Q）和机械稳定（芯片提取）等。

通常这种天线技术被大量应用于生产更廉价的寿命短的接收者/标签（票务应用，公交票，体育赛事的场馆门票等）。

（4）通过凹版印刷或偏移过程实现天线

由于成本和量产的原因，天线也通过在凹版印刷、平版印刷或铝球真空蒸发的方法来生产。

2. 集成电路的连接技术和/或芯片的报告

用于实现集成电路中天线绕组的连接的技术是确保接收者的使用寿命的重要

组成部分。选择天线绕组技术的原则也用于选择确保与集成电路的耦合或连接的技术。我们会介绍以下技术。

（1）焊接

这些技术应用于已发布的芯片，不是裸片而是微型封装形式。

（2）压焊

通过这种技术，我们能够利用细金线（直径为 10 ~ 15μm）实现集成电路的"焊盘"和天线的印制电路之间的导线的热压焊连接。

（3）倒装芯片

为了实现芯片和天线之间的连接，还可以将集成电路面反转靠在印制电路或天线导电油墨的走线上。在"碰撞""芯片"之前，走线上已经放置了小的脚座/微型的金质颗粒，这样在接触到集成电路的焊盘后，可以在这里进行热压焊。

在 13.56MHz 的 NFC 中，这些技术之间的差异主要在于集成电路到天线的机械强度。

3. 桥接技术

在使用传统印制电路或柔性膜的技术的情况下，将需要考虑使用"桥"，以便于通过拓扑原理实现在印刷电路上构成平面线圈天线的同心螺旋的内部末端的连接。现在存在许多用于制造这些桥的技术，如下所述。

（1）单面印制电路的情况

使用单面印制电路时，桥接可以这样实现：

1）借助集成电路本身，在芯片下布线圈的走线；

2）或者在天线上面走线，这需要在天线和桥之间有一个绝缘层；

3）借助于特殊微型封装销售的集成电路建立一个桥接处（如 I_code 类型的"倒装芯片"技术）。

（2）双面印制电路的情况

使用双面印制电路板时，桥接可以这样实现：

1）利用两层之间的过孔（金属孔）；

2）通过两层之间的过孔"接线柱"。

（3）小结

简单非限制性地，表 5.9 总结了主要特征并且提出了可用于实现标签天线的不同技术概念之间的比较。此外，在市场上许多公司绝对能够解决（或者有助于解决）性能相关的问题。

表 5.9　不同可用技术概念之间的比较

天线技术	绕线	嵌入式	蚀刻	蚀刻	印刷
导电层	铜	铜	铜	铜	银导电油墨
互连类型	热压焊邦定	热压焊邦定	焊接	粘合导体	粘合导体

（续）

互连质量	非常好	非常好	非常好	普通	普通
断裂冲击力/cN⊖	>200	>200	>200	<60	<60
天线隔离	是	是	是	可选	可选
生产过程中易于处理	普通	非常好	非常好	好	好
导电层的质量 s	非常好	非常好	非常好	非常好	好
集成外置器件的可能性	否	否	可能	可能	可能
相对成本百分比表示	110		100	95	85
备注					离散的电阻值和品质因数

（4）绕组的几何形式

不管使用的技术如何，它们的圆形、正方形、矩形几何形状通常具有以下几个方面的特点：

1）扁平线圈形式，盘绕线（其厚度非常低）；

2）没有厚度的螺旋线（除了印刷电路板的厚度，墨水沉积厚度等）。

我们现在要快速测试这些可选形状的大部分。

标签天线的分布和最佳布置

扩展的方法和天线的地理和磁布置（流的添加、流的减少、流的补偿、流的消除等）（天线的位置以及天线的间隔相对于其他）在该阶段将详细描述读取区域的形式。

5.5.5　保证无线供电的接收者的天线线圈最小数量的估算

让我们再次考虑最小磁场值 H_d_th 与阈值电压 V_ic_min 相关联的关系：

$$H\_d\_th = \frac{\left[\left[1 - \left(\frac{\omega}{\omega r}\right)^2\right]^2 + \left[\frac{1}{Q_{p2}}\right]^2\right]^{\frac{1}{2}}}{\omega \times \mu \times N_2 \times s_2} \times V\_ic\_min$$

当接收者被调谐（$\omega = \omega r$）时，该等式可以计算出实现远程供电的最小天线圈数 $N2\_min$：

$$N2\_min = \frac{1}{\omega \times \mu \times s_2 \times Q_{p2} \times H\_d\_th} \times V\_ic\_min$$

在上述计算中，我们完全忽略了朝向基站的逆调制电压值，我们必须根据标签和基站之间的可能耦合来估计和验证。

⊖　cN，即厘牛顿，1N = 102cN。

第6章

接收者天线设计的详细示例

本章将给出具体的设计接收者实例，应用的接收者天线是在彼此差异很大的形状因子中进行选择的，以便让读者了解更多的 NFC 应用，而不仅仅局限于移动电话。

我们先从小尺寸的天线开始。

6.1 小天线的情况

出于尺寸要求或降低成本的原因，经常需要减小天线的尺寸。减小接收者天线的尺寸，可能导致如下情况：

1）增加了匝数，但是难以保持天线同样的电感值 L；

2）增加了匝数，但是难以保持天线等量的总表面值和收集的流量；

3）我们使用具有更高集成容量的微控制器来获得或接近最佳调谐；

4）我们不得不处理细微的附加电容以完成调谐。

用户希望在"4、5、6类"附近执行标签/接收者，同时要求符合 EMV 规范。

表 6.1 基于天线类的应用示例

天线尺寸	天线格式尺寸	NFC 设备功能		NFC 设备供电方式		逆向调制	应用实例（非限制）
		标签	接收者	无电池	电池辅助	LM	
微型	…11，12，	√		√			医学用途 小鼠、蚂蚁追踪
超小型	6		√		√	P/A	连接器，Mini SIM 卡
		√		√		P	标签、手环
小型	4，5		√		√	A	连接器、手表、手环
		√		√		P	衣袋、标签
标准	1，2，3				√	P	标签、商标
	1.2	√				P/A	卡模拟模式移动电话

（续）

天线尺寸	天线格式尺寸	NFC 设备功能		NFC 设备供电方式		逆向调制	应用实例（非限制）
		标签	接收者	无电池	电池辅助	LM	
大型	A4					P	衣袋号码
超大型	A3	√		√		P	相框
			√		√	P/A	相框

6.1.1　4、5、6 类或相近的示例

与 ISO 标准强制要求的 1、2、3 类不同，4、5、6 类（参见图 5.4b）是可选但是又普遍要求的，并且越来越多地用于 NFC 标签及接收者。

第一个方面是成为越来越多的通信物品的组成部分，主要在 4 和 5 类附近（如智能手表进行卡模拟支付，运动、医疗手环等，数字信息追踪，通过 NFC 智能手机实施隐藏数据恢复，甚至保险公司可据追踪数据动态调整客户的权益和服务费）。

这些接收者可以是无电池型或电池辅助型。

第二个方面涉及打假、追踪，主要在 6 类应用中实现［如饮料、顶级葡萄酒、奢侈品（行李，皮革，衣服，鞋子，内衣，眼镜等）、制药及药品零售］。在这些应用的框架或背景下，双频标签/接收者包括 UHF（900MHz）和 HF（13.56MHz），UHF 应用在运输、传送、追踪和短距离期间的后勤跟踪（长距离——远场），应用于短距——近场控制的近场通信（NFC）HF 控制通过零售商的商店或由最终购买者的智能手机验证产品的真实性。

这只是所有应用的两方面典型例子，而且只是开始。

6.1.2　5 类天线设计示例

1. 连接物件（运动手表手环等）

让我们看一个装备有 5 类天线和由小尺寸辅助电池的 NFC 接收者设备的例子。其内置了可连接手表，也可以作 NFC 智能手机使用，可通过卡模拟模式激发反向调制 ALM（由于天线间弱耦合），也可以通过支付终端［（m）POS，DAB］执行银行交易，满足银行 EMV 要求（读取范围为 5.5cm）。此外，为了更好地满足人体工程学要求，其将天线的尺寸增加到其最大值，以便通过在表壳两侧的腕带中放置两个 24mm×36mm 的半天线来增加通信距离，以避免负载效应（因此，能够符合 5 类天线的 ISO 标准）。

所选择的集成电路微控制器 + NFC 可以具有

1）最大尺寸为 3m×4mm；

2）26pF 或 56pF 的特定内部电容。

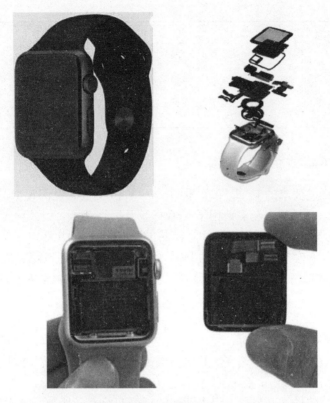

图 6.1 苹果手表 38.6mm×33mm

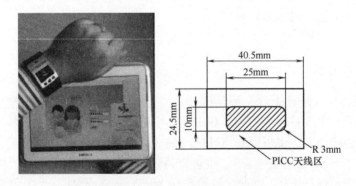

图 6.2 银行业务应用程序手表

该组可以支持 47pF 或 100pF 的外部电容。

由于承载介质（膜+介电常数 $\varepsilon\_r \approx 2$ 的 PVC 卡）的寄生电容约为 5pF，因此总电容很可能是 30pF、60pF、100pF 和 160pF。

对于在 13.56MHz 调谐，可能实现的 L、C 在表 6.2 中给出。

表 6.2　调谐 13.56MHz 的可能性

C	L
pF	μH
30	4.59
60	2.29
100	1.37
160	0.86

重要观察：在天线的相同调谐和相同外形尺寸（即在面积为 s 的机械表面上）下，应遵循以下设计原则：

1）拥有最小的总调谐容量，这需要有最高的电感值 L；

2）拥有最高的天线匝数，因为 $L \approx kN^2$；

3）拥有收集通量的最大总表面积（$N \times s$）。

由此可以得到最小的操作场阈值。

在 5 类标准中，机械表冠保留的绕组宽度表示为

$$(24.5 - 10)/2 = 7.25 \text{mm}$$

采用这种放置方法，通常需要解决的问题如下：具有最大匝数的可实现的 L 值是什么，使得总表面组成的线圈收集到最大通量，以确保最佳远程供电及最大操作距离，并且在可能的情况下，可以与 EMV 规格兼容。

我们决定在专用于绕组的区域的每一边的边缘留出 250μm，即对于匝的宽度（轨迹）和匝间（间隙）留下 6750μm：

表 6.3　最大可能线圈数

轨迹	间隙	线圈间隙宽度	线圈最大可能值
μm	μm	μm	
100	100	200	6750/200 = 33
200	200	400	6750/400 = 16
400	400	800	6750/800 = 8

在 5 类天线的框架中，现在的问题是，当给出最大长度为 40.5mm 时，L 值可能是多少？单位面积 s 和总面积 S 又是多少？

2. 5 类天线中可能性实现的示例

对于 $C = 30 \text{pF}$ 和 60pF，在经过一些迭代之后，我们获得了以下结果。

（1）$C = 30 \text{pF}$ 且 $L = 4.6 \mu H$ 的案例

$$S\_\text{tot} = 766 \text{mm}^2 \times 8 = 6128 \text{mm}^2$$

我们可以得出结论：

1）标签的天线线圈的数量为 14 个线圈；

2）绕组的总长度为 17mm；

3）绕组的总宽度为 10mm；

4）如果轨道的宽度 ≈ gap → $14 + 13 = 27$；

5）轨道的宽度为 $3\text{mm}/27 = 110\mu\text{m}$；

6）天线线圈的平均长度为 $17 - 3 = 14\text{mm}$；

7）线圈的平均宽度为 $10 - 3 = 7\text{mm}$；

8）线圈"s_2"的表面平均面积为 $(14 \times 7) = 98\text{mm}^2$；

9）标签的总表面"S_2"为 $14 \times (14 \times 7) = 1372\text{mm}^2 \approx 13.72\text{cm}^2$。

（2）$C = 60\text{pF}$ 且 $L = 2.3\mu\text{H}$ 的案例

$$S\_\text{tot} = 885\text{mm}^2 \times 5 = 4425\text{mm}^2$$

因此，最后这里有一个至关重要的问题，关于它的工作原理：必要的场值和磁感应的最小阈值是多少？

3. 计算磁场和磁感应的最小阈值

例如，假设天线电路（不远离）被调谐到 13.56MHz（通常是这种情况），并且 Q_2 被刻意地设置为 20 并且 $V\_\text{ic\_typ} = 2V\_\text{eff}$：

$$H\_\text{d\_t} = \frac{9350 \times V\_\text{ic}}{S_2 \times Q_{p2}} \quad (\text{同时 } S_2 \text{ 全表面单位为 mm}^2) \quad S_2 = N \times s_2$$

$$H\_\text{d\_t} = \frac{9350 \times 2}{S_2 \times 20}$$

$$H\_\text{d\_t} = \frac{935}{S2}$$

因此，有如表 6.4 中所示的结果：

表 6.4 磁场最小阈值

样例	电容 C	标签天线尺寸	圈数	S_2 天线表面积	$H\_\text{d\_t}$
	pF	mm × mm		mm²	A/m
5 类	30	24 × 40	7	6128	0.15
	60	24 × 40	5	4425	0.211

4. 不满足要求的情况

如果期望或设想的解决方案不满足 ISO 或 EMV 一致性测试，即不满足条件，这时，我们可以在条件允许的情况下增加 Q_{p2}。

6.1.3 举例

期望使用相同的集成电路来实现 $30\text{mm} \times 15\text{mm}$ 的天线，同时不用担心 ISO 等级，但是像前面的情况中那样，应验证该产品满足 EMV。

因此，再次，用 Excel 表表示 $S_2 = 345.8\text{mm} \times 7\text{mm} = 2421\text{mm}^2$，则结果见表 6.5。

表 6.5　磁场最小阈值

样例	标签天线尺寸	圈数	S_2 天线表面积	H_d_t
	mm × mm		mm^2	A/m
	15 × 30	7	2421	0.38

Q_{p2} 和 $H\_d\_threshold$ 的优化计算示例

正如我们之前指出的，当接收者被精确调谐到 13.56MHz 时，前文中的方程变为

$$H\_d\_t = \frac{9350 \times V\_ic}{S_2 \times Q_{p2}}(S_2 \text{ 全表面单位为 mm}^2)\ S_2 = N \times s_2$$

该方程取决于几个变量：$N \times s_2$ 通过 S_2 和 Q_{p2}，它们是 L_s 和 R_p（因此是 R_ic 和 R_s）。然而，无论发生什么，该权衡包括减少的 H_d_t 值。为此，有必要最大化 S_2：

1）因此，S_2 最大化；

2）因此，线圈 s_2 的表面最大化；

3）因此，N 最大化；

4）因此，L 是最大的；

5）因此，集成电路具有最小的电容 C，使得我们可以调谐 L 电路和 C。

这里有必要最大化 Q_{p2}：

-通常，我们不能随意地最大化 Q_{p2} 值，因为它的最大值必须是确定的，以提供与应用所需的数字比特率相适应的带宽。

因此：$Q_{p2max} = R_p / (L_{2p} \times \omega\_c) = 15 \sim 20$

$\qquad R_p = (R\_ic \times R_{2p}) / (R\_ic + R_{2p})$

这意味着（在给定的集成电路中，同时已知电容 C 和电感值 L），由 R_p 得到的 Q_{p2} 非常依赖集成电路的输入阻抗 R_ic。因此，所有都可以用比率值 R_p/L_p 来表示，这也意味着集成电路 R_ic 的选择和性能与 L_p 有关系。有两个案例表明这一点：

1）如果 R_ic 很重要（$R\_ic = 1.5 \sim 2.5k\Omega$，例如："小"电路——MiFare 或同类型），那么 L_p 也必须非常重要，需要保持 Q_{p2} 在其最大值，因此集成电路的容量会更小，因而在集成电路中不会有额外的容量；

2）如果 R_ic 比较小（$R\_ic = 500 \sim 800\Omega$，例如："大"电路——有很多存储器、密码控制器等、小型 XM 等），L_p 必须弱（同样 S_2 会减小）以恢复 Q_{p2} 的值，因此尽管集成电路的容量会略大，有时也必要向电路添加额外的容量。

此外，我们可以从天线匝数来调整电阻值 R_{2p}，使其更为精准，也就是说，我们可以调整天线匝铜轨的厚度（或宽度）来得到 Q_{p2} 的最佳值，以此来改变场的阈值 H_d_th。

为了确认，表 6.6 给出了实例。

表 6.6 计算最优值

类别	线圈 个数 N	长度 I_moy	表面积 S_2	轨道 宽度 W	厚度 T	材料电阻 Cu p_cu	Al p_al	天线 电阻 R_s	电感 L	品质因数 QL_s	电阻 R_p	集成电路 R_ic	C_ic	V_ic	卡 $R2\_p$	Q_{p2}	H-阈值
		$= Ns_2$						$\dfrac{pNl\_moy}{WT}$	$L_s = L_p$	$L_s\omega / R_s$	$\dfrac{(Q^2+1)}{R_s}$	$R_p /\!/ R\_ic$	数据表		$R_{2-p}/L_p\omega$		
		mm	mm²	μm	μm	Ωm×10⁻⁹		Ω	μH		Ω	Ω	pF	V_ic_eff	Ω		A/m
						17	26										
5	5.00	70.00	4500.00	120.00	35.00	×	—	1.42	0.86	51.70	3785.89	600.00	160.00	2.00	517.92	7.07	0.588
	7.00	70.00	6000.00	120.00	35.00	×	—	1.98	2.30	98.75	19341.88	2000.00	53.00	2.00	1812.58	9.25	0.337

因此，有时使用建议见表 6.7（取自 Infinéon）。

表 6.7　使用建议

产品	M7820	M7892，M7893		M7791，M7794		SLE 97400SD, SLS 32TLC100(M)
Nom. input cap.	27pF	27pF	56pF	27pF	56pF	27pF
线圈尺寸 1 类	16.5	16.5	—	16.5	—	16.5
2 类	14.0	—	14.0	o/—	14.0	—
3 类	14.0	—	14.0	o/—	14.0	—
4 类	—	—	13.6	—	13.6	—
5 类	—	—	13.6	—	13.6	—

6.1.4　6 类天线的设计示例

1. 迷你矩形（如微型 SIM）（如图 6.3 所示）

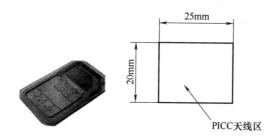

SIM 卡	参考标准	长度/mm	宽度/mm	厚度/mm
全尺寸	ISO/IEC 7810: 2003, ID-1	85.60	53.98	0.76
Mini-SIM 卡	ISO/IEC 7810:2003, ID-000	25.00	15.00	0.76

图 6.3　SIM 卡尺寸

使用具有 $C = 53\text{pF}$，$S_2 = 7 \times 360\text{mm}^2 = 2,520\text{mm}^2$ 的微控制器（微型 SIM 到八个触点，每侧四个且符合 EMV 标准）：

$$H\_d\_t = \frac{935}{2520} = 0.37\text{A/m}$$

2. $\phi = 10\text{mm}$ 的微环（如图 6.4 所示）

使用一个微控制器，其中 $C = 53\text{pF}$，$S_2 = 13 \times 43\text{mm}^2 = 560\text{mm}^2$，$V\_thresh = 2\text{V}$，$Q = 20$：

$$H\_d\_t = \frac{935}{560} = 1.67\text{A/m}$$

使用微控制器，其中 $C = 5353\text{pF}$，$S_2 = 7 \times 341\text{mm}^2 = 2387\text{mm}^2$：

$$H\_d\_t = \frac{935}{2387} = 0.39\,\text{A/m}$$

3. $\phi = 10\text{mm}$ 的微环（如图 6.5 所示）

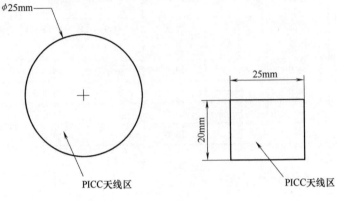

图 6.4 6 类的环   图 6.5 6 类的矩形

对于具有 $C = 53\text{pF}$ 的微控制器，$S_2 = 13 \times 50\text{mm}^2 = 650\text{mm}^2$：

$$H\_d\_t = \frac{935}{650} = 1.438\,\text{A/m}$$

4. NFC 应用于奢侈品的防伪

通常，在涉及奢侈品的防伪系统中，我们必须确保：

1）一方面，通过（RFID）UHF 中的长传输距离（因此在远场中，参见第 2 章）或在 HF（在 13.56MHz 附近的 2m 的附近场中），负责产品在运输，交付，储存和仓库区的物流跟踪及验证（参见第 2 章，ISO 15693）；

2）另一方面，HF 非常短的距离（因此，在近场中，再次参见第 2 章）负责在商铺销售最后阶段验证产品的来源的和真实性，通过零售商，或最终买家通过使用目前的智能手机作为 NFC 读卡器。

考虑到所需要应用的产品的量，这意味着 NFC 标签成本不能过高的，因此，如果可能的话，使用单芯片，双频 UHF 和 HF，用加密和双天线设计的设计来保证成本、安全性和读卡距离的平衡。

作为示例，下面给出在 6 类标准中配备有天线的 NFC 标签的具体实现。

技术示例

我们从技术开始。标签/接收者天线可以被构造且被认为是环中的导体的偶极天线的连接。在这种情况下，该环是两个调谐对称 LC 电路的关联的结果。

让我们考虑在图 6.6 中展示的圆形半径回

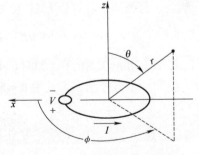

图 6.6 环形天线的球体坐标系

路天线。电流 I 始终在平面 xy 中以原点为中心循环。

在这种情况下，环形的闭合场分量（在球面坐标中）通过麦克斯韦六个方程给出：

$$\left.\begin{array}{l} H_r = \dfrac{a^2 I e - \mathrm{j}kr}{2r^3}\cos\theta \\[3mm] H_\theta \approx \dfrac{a^2 I e - \mathrm{j}kr}{4r^3}\sin\theta \\[3mm] H_\phi = E_r = E_\theta = 0 \\[3mm] E_\theta \approx -\mathrm{j}\,\dfrac{a^2 k\eta_0 I e - \mathrm{j}kr}{4r^2}\sin\theta \end{array}\right\} kr \ll 1$$

其中 $k = 2\pi/\lambda$ 是自由空间中的传播常数，η_0 是自由空间的波的阻抗，r 是环路中心和观察点之间的距离，θ 是 z 轴方向与观察方向夹角。

从这些方程，我们注意到 H_r 和 H_θ 在 $1/r^3$ 内变化，并且 E_ϕ 在 $1/r^2$ 内变化。

当 r 较小时，在读取器的天线附近（例如 10cm）发现标签/接收者，因此该标签/接收者位于天线的场区域中，场的分量 H 主导场 E，并且环路用作磁捕获器，这与环路表面成比例的增加了灵敏度。该集成电路电源主要是通过环路的磁通量产生，偶极子的影响很弱。

对于更远的距离，当在读取者天线的远场的区域中发现标签时，偶极天线成为远场捕获器，增加了结构辐射的阻抗。

这种双重行为的经典实现如图 6.7 所示，其中环被认为是近场的分量，偶极被认为是远场中的分量。

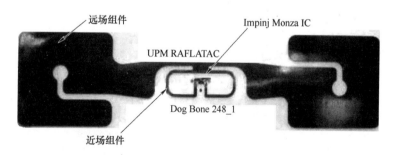

图 6.7　UHF 经典天线在远场和近场工作

例如，在一个模块中使用一个小回路（来自约 10mm×10mm 的单个线圈）和用于 RFID 的 NFC 和 UHF 的 HF 双频集成电路的模块实现上述相同的双重功能（如图 6.8 所示）。在 NFC 智能手机的标准使用中，其在 NFC 射频场中实现近距离的标准通信，在经典的 UHF RFID（ISO 18000-6C）读卡器的帮助下实现小于 50cm 的通信。

图 6.8　双频（来源：Tagsys）

当该模块在一块谐振金属中电磁耦合时（如图 6.9 所示），在 UHF 中读取该模块的距离是 50cm ~ 10m。

示例如图 6.10 所示，安装在高跟鞋鞋跟加固部分、眼镜固定链，或者用于女性奢侈品内衣。

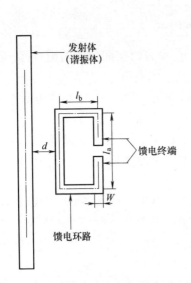

图 6.9　双频模块与一块谐振金属耦合　　　　**图 6.10　示例**（来源：Tagsys）

由于环路主要用作电源而不是特定的调试组件，因此可能导致带宽性能的降低，其理念也比较灵活，因此许多工业应用实现是可能的如图 6.11 所示。

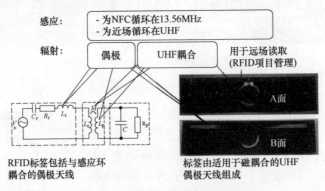

图 6.11　双频概念单声道天线的示例

（彩色版见 www. iste. co. uk/paret/antenna. zip）

6.2 非常小的天线的情况

有很多应用需要非常小的标签/接收者。由于它们的尺寸非常小，只能是 NFC 标签/接收者作为其解决方案：

1）主要是无电池，但有时应用会有电池辅助；

2）没有外接电容；

3）其集成电路拥有最高的集成容量，且有希望将电感值减到最小来实现载波调谐；

4）这意味着在铁氧体棒上的天线设计需要得到期望的电感值。

这里给出一些应用程序示例，并想象一下天线尺寸和最终的接收者/标签：

1）在埋雷过程中和之后检测埋设的军事地雷，利用蜜蜂携带运输标签

2）蚂蚁的社会行为，社会和分层结构的研究和分析，蚂蚁身上携带的标签的包装不得超过蚂蚁体积的 10%（如图 6.12 所示），以避免影响实验结果。

3）在皮下植入物的帮助下鉴定 1 天龄的实验室小鼠（如图 6.13 所示），并且可以测试其的 DNA，以便不混淆它们，并且能够进行特定的随访。

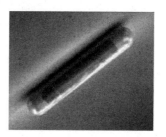

图 6.12　配备了 NFC 接收者的蚂蚁　　　　图 6.13　实验室小鼠的 NFC 植入物

显然，所有小型 NFC 接收者在都必须 NFC 移动电话标准的帮助下才能读取。对于微型器件，微型天线类 ISO 11、12、13 和后继的型号仍未创造出来。

6.2.1　11、12、13 类天线的设计示例

让我们以刚出生的小鼠作为 NFC 接收者为例。

该接收者是设计在外形尺寸为长 4mm 和直径为 0.8mm 的玻璃管中的植入物，以避免小鼠出生就受伤。在该管中，有一个铁氧体棒，其上有一个小的平坦点，这个点用于定位直径极小（几十微米）的集成电路以及位于铁氧体周围的螺旋绕组。由于实现升高的电感值的机械和尺寸困难，集成电路的选择涉及高电容值的"NFC Forum 的标签 T2"类型，NXP 的 MF UC 11 01 "Mi-Fare 超轻高电容"。

1. 确定"绕组 + 铁氧体"的电感值

为了确定天线线圈电感的理论值 L，C 表示线圈调谐中所有容量的总量：

1) 集成电路在工作阈值电压 =50pF 时的容量；

2) 安装芯片的寄生能力；

3) 线圈的缠绕能力；

4) 接线容量 =5pF。

并且由于应用原因定义/选择标签的调谐频率。通过经典公式"$L_s C\omega^2 = 1$"，我们可以定义所需的"L_s"（线圈 + 铁氧体棒）值：

$$L_s = \frac{1}{C\omega^2}$$

即理论值为 $2.5\mu H$（绕组 + 铁氧体）*@13.56MHz。

（1）空心线圈——L_o

我们知道，如果线圈是一个简单的空心线圈，其电感值 L_o 由经典公式给出

$$L_o = \mu\_0 \frac{N^2 A_e}{l}$$

其中：

$\mu\_0 = 4\pi 10 - 7$；

$N =$ 电路数；

$A_e =$ 线圈的截面积；

$l =$ 绕组在空中的长度（没有支撑物，没有铁氧体）。

该公式将有助于直接确定给定长度的绕组的电路数量。

（2）线圈与铁氧体——L

"绕组 + 铁氧体"电感值 L 由下列公式给出：

$$L_s = \mu\_0 (K'\mu\_rod') \frac{N^2 A_e}{L\_c} = L_o (K'\mu\_rod')$$

其中：

$\mu\_0 = 4\pi 10 - 7$；

$N =$ 电路数；

$A_e =$ 铁氧体棒的截面积；

$L\_c = (L\_c$ 为 L_coil）绕组线圈的长度。

为了避免同样的影响产生两次，对于 L_c 值铁氧体棒的物理/机械长度（我们的情况为 4mm），因为 μ_rod 包括了有效长度的校正关系，用于设置集成电路的平坦点，填充因子导致的校正关系 K。

除了项（$K'\mu\_rod'$），该公式是空芯线圈 L_o 的公式。因此，我们必须了解一个事实：

一方面，通过 $\mu\_rod' = \mu\_s'\_e$，铁氧体棒的特点：

1）不是规则的圆柱形并且也不是均匀的；

2）其仅在低频低时尤其有效，因此在 LF 中存在 μ_rod 或在 HF 中存在 μ_rod'。

另一方面，通过 K'，需要考虑到线圈的缠绕不一定完全覆盖整个长度的事实，因此存在：

1）为 K，当线圈是连续的；

2）为 K'，当线圈不是连续的（见下文）。

μ_rod'＝磁导率值，"μ_rod'"表示校正的材料块（低频）的磁导率 μ_r 的值：

1）一方面取决于标签的工作频率借助 μ_s'；

2）另一方面取决于棒的物理形状，通过 N_z 的值给出以下序列：

$$\mu\_r \rightarrow \mu\_s' \rightarrow \mu\_s'\_e = \mu\_rod' = \frac{\mu\_s'}{1 + N_z(\mu\_s' - 1)}$$

K' 表示要考虑的被称为"电感调节器"的系数，以便估计遵循"填充"的效果的"绕组＋铁氧体"组的电感值系数"，定义为实际绕组长度 l_c 与铁氧体棒的有效长度 l_e 之间的比值。

观察6.1：相对于曲线中的 K，在公式中的符号 K' 需要我们考虑非相邻的裸线圈之间的空隙，或者考虑连续线圈的绝缘外皮厚度：

l_c/l_e，其中 l_c ＝线圈长度，l_e ＝磁棒（有效）长度。

观察6.2：l_c 的值一般由绕线的机械因素确定。

填充系数值使我们能够从铁氧体构造函数所示的图中获得 K 系数，如果棒被完全填充 $k = 1$，则如图 6.14 所示。

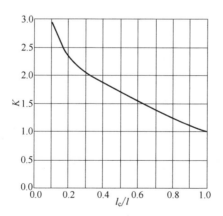

图 6.14 "修正电感" K 取决于填充系数

本部分开始处的公式有助于确定期望值 L_s 的 N。

棒中的场 H_d（退磁场）的矢量值等于：

$$H\_d = -N_z M$$

"－"号表示场的反方向；M 是材料的磁化特征，单位是 H/m；N_z 是依赖于铁氧体的几何形状的比例系数，也称为"退磁因子"。

结果是，棒内的磁场 H_int 比外场 H_ext 弱。事实上，我们可以写出内部磁激励场等于：

$$H\_int = H\_ext + H\_d$$

即标量值：

$$H\_int = H\_ext - H\_d$$

$$H\_int = H\_ext - N_z M$$

除了内部场的减少之外，材料的总磁化不受影响。

磁性材料的形状和尺寸对去磁场 H_d 的值有很重要的影响，这是 N_z 参数所表示的。例如，与诸如球体的紧凑形状相比，长而细的棒具有弱的退磁场。例如，我们可以证明，对于长度 l 和直径 d（棒的长度上的均匀直径）的均匀的圆柱形芯（棒），N_z 量的值可以借助于下列公式：

$$N_z = \frac{d_{max}^2 l}{2\left[l^2 - d_{max}^2 \right]^{\frac{3}{2}}} \ln\left[\frac{1 + \sqrt{1 - \frac{d_{max}^2}{l^2}}}{1 - \sqrt{1 - \frac{d_{max}^2}{l^2}}} \right]$$

举例：

- 长度 $l = 4$mm 的未加工的均匀棒

$$L\_c = 4\text{mm}$$

$$L\_e = 4.87\text{mm}$$

- 未加工直径 $d = 0.668$mm
- 等效长度 $l\_e = 4.87$mm 机加工棒
- $l\_e/d = 4.87/0.668$

$$= 7.29$$

- 我们得到 $N_z = 0.052$

$$A_e = \pi d^2 / 4$$

- 磁导率/磁性在 $f(\text{MHz}) = 0$ 　 $= 13.56$ 时：

$$\mu\_s' \quad = 125 = 140$$

$$\mu\_s'' \quad = 0 = 3$$

因此：

$$\mu\_rod' = \frac{\mu\_s'}{1 + N_z(\mu\_s' - 1)} = f(\mu\_s' \text{ 和 } N_z)$$

$$\mu\_rod' = \frac{140}{1 + 0.052(140 - 1)}$$

$$\mu\_rod' = \frac{140}{7.95} = 约\ 17,01 \to "d\mu\_rod"/\mu\_rod"$$

即铁氧体 Fair Rite 61 @ f = 13.56MHz

$$\frac{B\_int}{B\_ext} = \mu\_e = \mu\_rod' = \frac{\mu\_s'}{B\_1 + N_z(\mu\_s' - 1)} = 17.01$$

总结见表6.8。

表6.8　μ_e 值

铁氧体 (Fair Rite)	f	μ_r	N_z	$\mu\_eff = \mu\_rod'$
				计算值
Type 61	1kHz	125	0.052	16.78
	13.56MHz	140	0.052	17.01

对于 μ_eff'

考虑 K 或 K'，我们可以称为 μ_eff' 将 L_o 的值与 L_s 的值（包括绕组模式，频率对损耗的发生率等）相关联的系数。

$$K'\mu\_rod' = \mu\_eff'$$

$$\mu\_eff' = K'\frac{\mu\_s'}{1 + N_z(\mu\_s' - 1)} = f(\mu\_s')$$

选择绕组

$$l_c = 1.6mm\ （注意！不连续绕组）$$

$$l = 4mm$$

$$l_c/l = 0.4$$

因此 $K = 1.8$（在连续绕组中根据 Fair Rite 曲线）

$$"K\mu\_rod'" = 1.8 \times 17.6$$

$$"K\mu\_rod" = 31.7$$

所需的 L_s 值：

用集成电路测量的 $f\_0 = 12.39 f = 12.5$

电容总值估计 = 50 + 5pF

$\to L_s$ 需求 = 2.97μH

观察-这意味着在电感为 2.97μH 时，标签的调谐频率总是有点太低。

$$\omega = 1/\sqrt{(LC)} = 1/\sqrt{(2.97 \times 10 - 6 \times 55 \times 10^{-12})} \to f \approx 12.46MHz$$

计算匝数

$$L_s = \mu\_0(K'\mu\_rod')\frac{N^2 A_e}{l_c}$$

$$N = \sqrt{\frac{L_s \times l_c}{\mu\_0 \times (K' \times \mu\_rod') \times A_e}}$$

$$= \sqrt{\frac{2.97 \times 10^{-6} \times 4 \times 10^{-3}}{4\pi \times 10^{-7} \times (31.7) \times (3.14(0.668 \times 10^{-3})^2/4)}}$$

$$= 29 \text{ 匝}$$

此外，由完整的方程我们得出铁氧体棒和线圈位置对这一点的影响，也就是说我们将其表达式除以"$K\mu\_rod$"得出空气中 L_o 的值。用 $L_s = 2.97\mu H$ 和 "$K'\mu\_rod$" = 31.7 代表"铁氧体 + 频率 + 绕组技术"的影响，我们得到：

$$L_o = (2.97 \times 10^{-6})/31.7$$

$$L_o = 93.7 nH$$

总之，对于具有 Fair Rite 61 类型的铁氧体的接收者的天线线圈和在 13.56MHz 的机械特性原理，标签天线线圈的电和磁方面是：

$$\mu\_eff = 17.6$$

$$B\_int = 17.6 \times B\_ext$$

$$L\_ant = 2.97\mu H$$

$$N = 29 \text{ 匝}$$

$$R\_dc = 4.5\Omega$$

铁氧体"61"的 $R_{2s} = (L_o \mu\_s'')\omega$

$$R_s = (93.7 \times 10^{-9} \times 3) \times (6.28 \times 13.56 \times 10^6)$$

$$= 23.94\Omega$$

$$Q\_ant\_unloaded = 8.72 \ @ \ 13.56MHz$$

$$F\_0\_coil = 41.53MHz（估计值）$$

标签等效电路图

利用上述部件，标签天线物理上包括以串联布置的部件 L_{2s} 和 R_{2s}，其中 C_{2p} 绕组全部并联放置：

$$L_{2s} = 2.97\mu H$$

$$R_{2s} = 23.94\Omega$$

$$C_{2p} = 5pF$$

拥有：

-其自身的谐振频率：$\omega \approx 42MHz$；

-其自身的质量系数：$Q_{2s} \approx 11$。

这一系列天线电路图可以由（$Q_{2s}^2 \gg 1$）组成的并行等效图进行转换：

$$L_{2p} = L_{2s} = 2.97\mu H$$

$$R_{2p} = Q_{2s}^2 \times R_{2s}$$

或者：

$$R_{2p} = 10.57^2 \times 23.94 = 2674.7\Omega$$

$$C_{2p} = 5pF$$

显然，由于许多应用原因（自动解调、附带连接能力、检测堆叠中的接收者/标签-碰撞管理的特定过程等），通常调整 L 值以使其达到期望值，或调整电容值以便建立所需的调谐（或失谐）。

2. "集成应答器/天线电路"

让我们考虑由天线和集成电路组成的接收者的完整图，如图 6.15 所示。

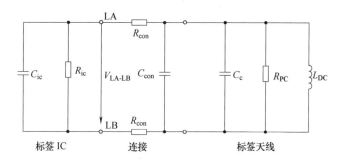

图 6.15 接收者完整图

其中我们可以调用：

$L_{2p} = L_{2s}$

$C_p = C\_ic + C\_con + C_{2p}$

　=以下之和：

　-集成电路的进入电容值；

　-连接的并联电容值；

　-天线线圈的并联电容值。

$R_p = (R\_ic \times R_{2p})/(R\_ic + R_{2p})$

　=集成电路的进入电阻的并联和天线线圈的等效并联电阻。

并且整个标签的谐振频率将满足等式 $L_{2p} \times C_p \times \omega^2 = 1$ 和 $Q_{p2} = R_p/(L_{2p} \times \omega)$。在这个阶段，知道的值：

$$R_{2p} = 2674.7\Omega$$

$$R\_ic = 64.5k\Omega$$

我们可以为整个"接收者天线和集成电路"计算负责整个接收者的品质因数 Q_{p2} 的值。为此，我们估计标签的 R_p：

$$R_p = R_{2p} /\!/ R\_ic$$

$$= 2674.7 /\!/ 64500$$

$$R_p = 2555\Omega$$

其给出总标签的品质因数：

$$Q_{p2}@\ 13.56 = R_p/(L_{2s}\omega c)$$
$$= 2555/(2.97 \times 10^{-6} \times 85.157 \times 10^6)$$

$$Q_{p2}@\ 13.56 = 10.12$$

重要观察：我们已经表明，对于"线圈 + 铁氧体"：

$$R_s = L_o\mu\_s''\omega = R_{2s} = 23.9$$

$$L_s = L_o\mu\_eff',\ 其中\ \mu\_e = 31.7 = L_{2s} = 2.97$$

$$Q_s = L_s\omega/R_s = (L_o\mu\_eff\omega/(L_o\mu\_s''\omega)) = \mu\_eff/\mu\_s'' = 10.56$$

标签的质量系数 - Q_{p2}

知道 $L_{2p} = L_{2s}$，我们可以写出：

$$Q_{p2}@\ 13.56 = R_p/(L_{2s} \times \omega\_c)$$

$$= \frac{R\_ic \times (L_o\omega\mu\_s'^2)}{\mu\_s''R\_ic + (L_o\omega\mu\_s'^2)} \times \frac{1}{(L_o\mu\_s')\omega}$$

$$Q_{p2} = \frac{\mu\_s'R\_ic1}{(R\_ic)\mu\_s'' + (L_o\omega\mu\_s'^2)} = f(R\_ic, L_o, \mu\_s', \mu\_s'', \omega)$$

示例：对于电路 MiFare Light 高电容和 61 类型的铁氧体：

$f = 13.56\mathrm{MHz}$

$\omega = 85.157 \times 10^6 \mathrm{rad/s}$

$R\_ic = 64.5\mathrm{k}\Omega$

$L_o = 93.7\mathrm{nH}$

$\mu\_s' = 31.7$

$\mu\_s'' = 3$

$R\_ic\ \mu\_s' = 64.5 \times 10^3 \times 31.7 = 204.46 \times 10^4 \Omega$

$R\_ic = 6.45 \times 10^4 \Omega$

$L_o\omega\mu\_s'^2 = 93.7 \times 10^{-9} \times 85.157 \times 10^6 \times 31.7^2 = 0.8018 \times 10^4$

$Q_{p2} = 204.46/(6.45\mu\_s'' + 0.8) = f(R\_ic, L_o, \mu\_s', \mu\_s'', \omega)$

> **例子：**
> 铁氧体 61 @ 13.56MHz　$\mu\_s'' = 3$　$Q_{p2} = 10.146$

尽管如此，在电器中，天线并没有处于一个开放环境。因此我们必须考虑现存内部磁场和外部磁场的关系，以及天线线圈的缠绕方式所造成的影响。由于铁氧体 61 的形状（一般为棒状）和操作频率（13.56MHz）的不同，造成以下参数的不同：

$$H\_int/H\_ext = B\_int/B\_ext = \mu\_e = \mu\_rod' = \mu\_s'/(1 + N_z(\mu\_s' - 1)) = 17.6$$

因此，如果外部 H_d_t 在开放环境中可以产生足以支撑标签的 V_ic_typ，由于铁素体的形状和大小的影响，实际上对特定标签产生同样作用的 H_d_t 只需要其 17.6 分之一的强度（如果要求标签和铁素体主轴对齐）。

例子：

$$\omega = 2 \times 3.14 \times 13.56 \times 10^6 \times s_2 = (3.14 \times (0.668 \times 10^{-3})^2 / 4)$$

$$\mu\_0 = 4 \times 3.14 \times 10^{-7}$$

$$N_2 = 29 Q\_ant\_unloaded$$

$$V\_ic\_typ = 2.2 eff$$

$$Q_{p2} = 10.12$$

以上值对应着开放环境中情况。因此可得 H_d_tn：

$$H\_d\_th = 1/(\mu\_0 \times N_2 \times s_2 \times \omega) \times 1/(Q_{p2}) \times V\_ic\_typ$$

或者：

$$H\_d\_th\_eff = (2.2)/[4\pi \times 10^{-7} \times 29 \times \pi \times (0.668 \times 10^{-3})^2 / 4)] \times$$
$$(2\pi \times 13.56 \times 10^6) \times 10.12$$

$$H\_d\_th\_eff = 200 A/m$$

在开放环境中，由于没有了接收天线，也不需要对配有铁氧体的标签进行操作。只需要对发起天线进行供能，此时：

$$H = 200/17.6$$

$$H\_d\_th\_eff = 11.36 A/m$$

3. 外部/商用数据标签

以下是对如何构造用于特定商业用途的标签的指导：

方框 6.1　NFC 标签的商业使用技术规范的示例

1）接收者符合 NFC ISO 18 092 & ISO 14 443-2&3 A 标准
2）操作频率　　　　　　　　$f\_c = 13.56 MHz$
3）标签谐振频率　　　　　　$f\_t\_typ = 12.46 MHz$
4）标签品质因数　　　　　　$Q\_t\_typ = 10.12 @ 13.56 MHz$
5）标签带宽　　　　　　　　$BW\_t\_typ = 1.34 MHz @ -3dB$
6）在空气中磁场的最小阈值要操作模式为
$$H\_d\_th\_min = 11.36 A/m \ rms$$

6.3　大型 NFC 天线或标签：A4 格式

为了说明 NFC 标签有着极广的应用范围，我们用一个例子来说明。

6.3.1　在马拉松和铁人三项运动中应用 NFC 号码比赛服

为了说明 NFC 标签应用的广泛性（以及由此带来的一系列问题），我们以马拉松运动员的号码服为例（如果是铁人三项，还需要考虑在水中的情况）这个问题从 2001 年支持 ISO15 693 的 circuits I_code 投入使用并兼容 NFC IP2-1SO 21481 标准之初就受到广泛关注。在这个时期，这项应用并没有归入以 T2 名义命名的，仅在 2004 年出现在 NFC Forum。

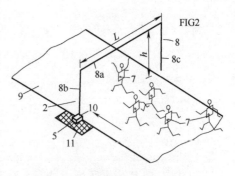

图 6.16　长距离阅读 NFC 标签

使用 13.56MHz 频段读取运动员的号码牌，有两方面的困难：

一方面，在马拉松过程中，对于距离终点处树立的 2 米高 3 米宽的天线较远的情况的读取问题（比方说 2~3m，结果难以精确，在 13.56MHz 仍然属于近场距离的范畴）；

另一方面，在出发前，短距离内需要实现参赛者的名字等信息的初始化，然后通过一个个路径检查点最终到达终点，以免有运动员不按既定路线跑，这些信息的接收应当高效便捷，比如说通过一台便宜的 NFC 智能手机，进行信息接收。

6.3.2　NFC 标签的技术特性

1）号码牌天线的规格是 $0.2m \times 0.16m$。最大面积是 $0.3m^2$。

2）为了让运动员的身体可以自由活动，（比方说在水中时，或者出汗的时候，这些会让 ΔC 的值大幅度升高，从而导致调谐电容的值升高，可能导致接收天线的电容失调）这些问题必须通过加强调谐电容的值，降低自感应的方式来解决。可以通过在集成电路中加入外部电容的方式来解决。

3）在马拉松过程中，接收天线必须在离发射天线 3m 远处仍能工作（通过远程的方式供电以及读取）并获得最大磁通量。因此接收天线必须与号码服在表面上及外形上尽可能兼容，也就是说有要一个明确的天线表面积值，即确定的最小自感应系数和最小线圈尺寸。

通过以上条件我们可以得出结论：

1）标准的 NFC 号码衣，线圈是一个 $160cm \times 140cm$ 的长方体；

2）线圈的长度是 60cm；

3）线圈的自感应为 $0.6\mu H$；

4）因此，总的谐振电容为 250pF。

所以，我们必须令 $Q = 30$，$R = L\omega/Q = (0.6 \times 85.157)/30 = 1.7\Omega$。

因此，想要解决这个问题就要确定电阻 R 的值。我们计算天线恒定电阻（continuous antenna resistance）值为

$$R\_dc = (N\_ant \ 1)/s$$

对于含铜印制电路板中的单个天线，$s = (1.8 \times 10^{-8} \times 0.6)/1.7 = 0.6 \times 10^{-8}\,\text{m}^2$。

或者需要制作 35μm 厚的印制电路所需的轨道宽度：$60 \times 10^{-10}/35 \times 10^{-6} = 170\,\mu\text{m}$。

在 13.56MHZ 的频率下，由于频率过高容易产生趋肤效应，一根电阻很小的铜导线，其电阻都会增加（可以查阅第 7 章获取更多关于发射天线的细节）。这就使得导线必须分成几股极细的线并彼此绝缘——这种线叫做"利兹线（Litz wire）"，从而改进这个问题。这种线的每一股，直径都必须小于当前工作频率的表层厚度。除此之外，由于线与线之间的距离和互相影响，电流并不会在每股线之间平均分布．为使电流平均分布，几股不同的线可能需要重新缠绕起来。在我们的实例中，经过计算后的利兹线是七股直径 0.25mm 的导线，这样可使电流平均分布。

因此，又涉及两个间隔的同轴线圈之间的最佳距离。本书中指的是工作在超高频的情况下，内部短路电路只提供谐振器或发射器来操作短路电路中 RFID 天线的反向散射的情况（详见本书作者的著作《RFID in UHF》——Dunod/Wiley 出版社）。

6.4　特别大的天线的情况：A3 格式天线

6.4.1　大型天线的内容与技术框架

以下举例是为了说明如何改进 NFC 设备的天线（网络）的制作：

1）一个电子相框或平板电脑读取接近外壳表面的接收者的内容，比如说打开卡模拟模式的移动电话。

2）或者相反，手机向电子相框或平板电脑传输照片。

传统 NFC 设备并不一定能够使天线集中区域的读写效果变好。这会使人体工程学上对某个区域进行具体界定变得困难。我们下面要介绍的技术概念就是关于这个的，通过连接到集成电路标签上的网络，标签的有效区域可以通过连接/耦合几个同样的天线而进行延伸。

6.4.2　传统概念

经典模式下，应用处于被动模式下进行接收者通信，电子相框/平板电脑天线由询问设备（手机）远程供电。

能够支撑天线有效区域扩展的技术，其概念包括连接几个相同的天线构成特殊网络，整个网络通过接收者集成电路，电感值与单个天线的电感值相同，标签的磁通量必须足够。

解决这个问题的方法之一是利用 n 组由 n 个相同的天线串联而成的天线组并联起来构成网络（如图 6.17 所示）。忽略天线间的耦合，这种网络总的自感和网络中的单个天线一致。1 和 2 电路中点 A 和 B 间的等效电感是相同的。因此为 NFC 标签应用所创建的传统集成电路可以直接连接到这个网络。

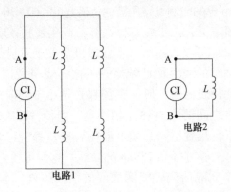

图 6.17　由 n 个天线组成的 n 个并行连接的天线网络

在这种应用中，移动电话的最小操作距离为 20mm。关于这种设想的具体完整参数参见下面的计算。

1. 手机技术手册的摘录

- 手机天线形状：长方形

- 移动天线的表面积：$4.5\text{cm} \times 11.2\text{cm} = 50.4\text{cm}^2$。

- 天线的电路数目：$N_2 = 3$

- 根据天线主轴的磁场辐射中心强度（H_min in A/m）：

- $H\_0\_\text{front} = 1\text{A/m}$ rms 屏幕边缘强度

- $H\_0\_\text{back} = 0.5\text{A/m}$ rms 侧方强度

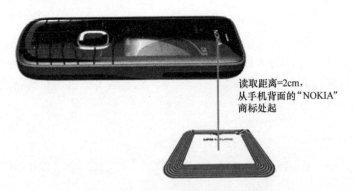

读取距离=2cm，
从手机背面的 "NOKIA"
商标处起

图 6.18　发起者—接收者距离的测量

经常可以注意到，手机不满足 NFC ISO NFCIP1 标准涉及的字段的值。当然这很容易理解，这是向手机的主要消费群体的妥协，但只是将手机的 "NFC" 名称改变了，这可能会导致一些混乱。

从集成电路的技术手册摘录了一些值列在下面（T1T 标签的来自 NFC Forum，

Topaz 芯片来自 Innovision）：

　　- $V\_ic\_threshold\_min = 2.14V$ Vrms；

　　- $V\_ic\_threshold\_max = 2.27V$ Vrms；

　　- 输入电容 $C\_ic @ V\_threshold$：$C_{2p} = 21.1pF$

　　- $I\_ic\_DC\_average\_current\_consumption\_at\_V\_threshold\_max = 200\mu A$

　　$P\_max\_ic\_power\_consumption\_at\_V\_ic\_threshold = 500\mu W$

以上为天线工作在 13.56MHz 的一些参考值。

2. 框架天线的技术手册

- 电子相框/平板电脑天线的形状：长方形

- 电子相框的大小：14.5cm × 11.2cm

- 天线厚度：3.5cm

基于以上对天线的描述，我们可以得到：

1）框架天线的形状由于机械上的限制，一般为正方形和长方形。

2）用于制造天线的材料（铜，铝，导电墨水）依赖各项操作参数，诸如形状、工业化可能性和相关的成本等。

3）标签的识别距离与所使用的移动电话有关。

3. 确定的天线电感 L

在以下部分中我们将用到这些参数：

（1）标签的天线

1）串联天线参数：

- Ls_ant：串连天线电感

- Rs_ant：串联天线电阻

2）并联天线参数：

- Lp_ant：天线并联自感

- Rp_ant：天线并联阻抗

- 天线的质量因数，其中 ω 为频率：

$$Q\_ant = \frac{Ls\_ant \times \omega}{Rs\_ant} = \frac{Rp\_ant}{Lp\_ant \times \omega}$$

- 串并联参数间关系：

$$Rp\_ant = Rs\_ant(1 + Q\_ant^2)$$
$$Lp\_ant = Ls\_ant(1 + 1/Q\_ant^2)$$

如果 $Q\_ant \gg 1$，$Lp\_ant = Ls\_ant$，$Rp = Q^2 R_s$：

（2）集成电路参数

1）并联集成电路参数：

- Cp_ic：集成电路的并联电容

- Rp_ic：集成电路的并联电阻

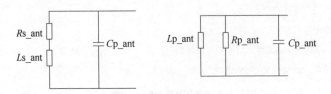

图 6.19   串联和并联表示

2）串联集成电路参数

- Cs_ic：集成电路的串联电容

- Rp_ic：集成电路的串联电阻

3）集成电路的品质因数，其中 ω 为频率：

$$Q\_ic = \frac{1}{Rs\_ic \times Cs\_ic \times \omega} = Rp\_ic \times Cp\_ic \times \omega$$

- 串并联参数间关系：

$$Rp\_ic = Rs\_ic(1 + Q\_ic^2)$$

$$Cp\_ic = Cs\_ic\frac{1}{1 + 1/Q\_ic^2}$$

如果 $Q\_ic \gg 1$，$Cp\_ic = Cs\_ic$

通过以上集成电路参数，我们可以推导出以下式子：

- 集成电路的等效并联输入电阻值为

$$P\_ic\_max = V\_ic\_th\_max^2/R\_ic\_min$$

$$449 \times 10^{-6} = 2.27^2/R\_ic\_min$$

或

$$Rp\_ic\_min = 11.476k\Omega$$

- 集成电路品质因数为

$$Q\_ic = Rp\_ic \times C\_ic \times \omega$$

$$= 11.476 \times 10^3 \times 21.1 \times 10^{-12} \times 85.157 \times 10^6$$

$$= 20.62$$

- 集成电路等效串联阻抗为

$$Rs\_ic = Rp\_ic\_min/Q\_ic2$$

$$= 11476/20.622 = 27\Omega$$

如果我们希望把标签天线的功率尽可能地转移到集成电路上，那么共轭线圈和集成电阻的阻抗需要调整：

1）需要对线圈进行调整：为了得到线圈的阻抗，需要先得到参与线圈调谐过程的电容值的总和：

- 在操作门限电压下，集成电路电容的值；

- 芯片嵌入所需要的寄生电容；

-线圈缠绕所产生的电容；

-导线电容。

根据应用设备，还需要决定标签的调谐频率。根据经典公式 $LC\omega\_tag2 = 1$，我们可以确定所需参数的值：

$$L\_ant = 1/(C\omega\_tag2)$$

在 13.56MHz：

$$C = C\_ic + C\_bobine + C\_parasite$$

$$= 21.1 + 调谐 4.9pF$$

$$L\_ant = 1/((85.157)^2 \times 10^{12}) \times 26 \times 10^{-12}) \cdots 调谐$$

$$= 5.3\mu H$$

2）标签天线电阻值和 Rs_ic 相等：

$$Rs\_ant = Rs\_ic = 27\Omega（最大值）$$

3）由此可得标签的品质因数值 Q_tag（通常叫做 Q_{2p}）：

$$Q_{2p} = 20.62/2$$

$$= 10.31$$

4）3db 带宽：

$$带宽 = f\_c/Q_{2p}$$

$$= 13.56MHz/10.31$$

$$= 1.315MHz$$

4. 天线线圈的寄生电容

线圈的缠绕过程包括了天线的缠绕、绝缘等过程，在这个过程中，会产生一定的寄生电容。未经测量的寄生电容估计值是 $C_{2p} = 4.9pF$（辅助计算值和数量级都是准确的）。而根据自感值 $L_{2s} = 5.3\mu H$，可以推导出自然谐振频率为

$$f = 35 \sim 40MHz$$

通常情况下，在第一阶段模型实现后，在网络分析师的帮助下，我们可以测量天线的自然谐振频率，从而确定对寄生电容的估计。

5. 天线网络

有必要确定电压值，以确保在集成电路的输入端和终端都可以使用。这里所指的集成电路中的天线网络包含一些已经设计好的 X 形天线，比如开始章节提到的"并联系列"。

观察 6.1：在总电容 Cp_tot 给定的情况下，天线与导线的寄生电容可以通过并联的方式在集成电路中得到恢复

观察 6.2：V_ind 是由移动电话在网络中的单个天线上感应处的正弦电压。

$$V\_ind = -\frac{d\Theta}{dt} = -\frac{\partial}{\partial t}(B\_d \times S\_ant)$$

上式中 S_ant 是标签天线总的表面积（$S\_ant = N\_ant \times s\_ant$），$B\_d$ 是手机天

线在距离 d 处的磁感应强度。

手机的辐射磁场是正弦波形脉冲 ω_c。因此标签天线的感应磁场也将是和手机发射的磁场相同的正弦电压。我们可以用复杂的公式计算，也可以用下式：

$$V\_ind = -j\omega\_c \times B\_d \times S\_ant$$

观察 6.3：尽管有时候可能会觉得麻烦，但我们尽量抛弃方程积分条件，这样你就可以根据特殊用途简化使用。

6.4.3 4 天线网络示例

1. 假设 1

4 个天线彼此完全分开（比如分别在框架的一角），与发射天线（手机）和接收天线（框架天线）之间的磁耦合通过单一天线来完成。

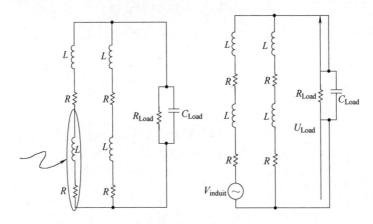

图 6.20 单个照明天线

在计算完等效于集成电路的电荷的阻抗值之后，计算由于并联（集成电路）同时其连接网络没有接收到源发起者的磁通量而导致的阻抗值，我们计算在集成电路 V_ic 的端子中产生的电压值，在存在感应电压 $V\_induced$ 的情况下，其在一个接收者线圈的绕组中存在磁场，即

$$\frac{V\_ic}{V\_ind} = \frac{Rp\_ic}{2Rp\_ic + 2(Rs\_ant + jLs\_ant\ \omega\_c) \times (1 + jRp\_ic \times Cp\_tot \times \omega\_c)}$$

2. 假设 2

发起者（手机）与接收者（框架天线）之间的耦合通过两个天线完成。在这种情况下必须考虑图 6.21 中两种可能：

1) 两个天线属于天线网络的同一部分

2) 两个天线分属天线网络的不同部分

（1）两个天线属于天线网络的不同部分

使用之前的公式我们可以得到如下结果：

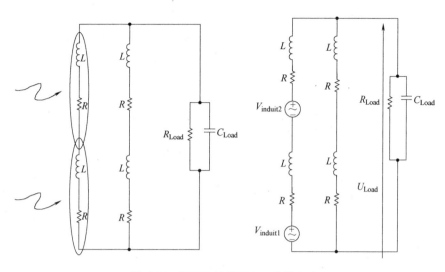

图 6.21   相同连接的两个天线被点亮

$$V\_ic = \frac{Rp\_ic}{2Rp\_ic + 2(Rs\_ant + jLs\_ant \times \omega\_c) \times (1 + jRp\_ic \times Cp\_tot \times \omega\_c)}(V\_ind_1 + V\_ind_2)$$

观察：图示感应电压 1 和感应电压 2 可能会有多个方向：

1）如上所述，起动器发出的磁流量同时提供给两个天线，每个天线接收一部分磁通；

2）或者就近耦合（耦合系数 k），一天线向另一天线重辐射。这种情况不多见，因为天线基本上是共面的，天线间的耦合系数很低。

（2）两个天线分属天线网络的不同部分

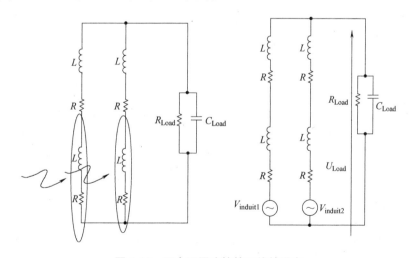

图 6.22   两个不同连接的天线被照亮

我们继续使用叠加定理考虑情况，考虑只有 V_{induit1}（V_ind1）接通、V_{induit2}（V_ind2）切断，和只有 V_{induit2}（V_ind2）接通且 V_{induit1}（V_ind1）切断的情况，最后两个电压源同时存在，结果是两个先前电压的总和：

$$V\_\text{ic} = V\_\text{ic}_1 + V\_\text{ic}_2$$

$$= \frac{Rp\_ic}{2Rp\_ic + 2(Rs\_ant + jLs\_ant \times \omega\_c) \times (1 + jRp\_ic \times Cp\_tot \times \omega\_c)}(V\_\text{ind1} + V\_\text{ind2})$$

关于天线间自愿或非自愿的耦合时的结论，属于相同连接或相邻连接的问题。

根据叠加原理，如果耦合相位相同，不同天线的耦合可以叠加（因此，注意天线的连接方向，其会导致叠加究竟是相加还是相减）。

6.4.4　等式的简化

在上文的两种情况中，如果集成电路的阻抗满足以下条件：

$$Rp\_ic \gg \left| \frac{1}{jCp\_tot\omega\_c} \right|$$

工作频率下，等式会变为

$$V\_ic = \frac{V\_ind}{2 + 2(Rs\_ant + jLs\_ant \times \omega\_c) \times (jCp\_tot \times \omega\_c)}$$

如果 $Q\_ant > 10$，那么

$$Ls\_ant = Lp\_ant$$

由 $Lp\_ant \times Cp\_tot = 1/\omega\_tag2$ 可得

$$V\_ic = \frac{V\_ind}{2(1 - \omega\_c^2/\omega\_tag^2) + 2jRs\_antCp\_tot \times \omega\_c}$$

已知 Cp_tot，我们也确定了 Lp_ant，使得标签的调谐频率与载波频率相同，即

$$\omega\_tag = \omega\_c$$

通过以下方式确定手机的操作频率的天线质量因子：

$$V\_ic = \frac{V\_ind}{2(jRp\_ant \times Cp\_tot \times \omega\_c)}$$

在操作频率下，手机的品质因数可以由下式计算：

$$Q\_ant = \frac{Ls\_ant\ \omega\_c}{Rs\_ant}$$

我们调谐了标签（$\omega\_c = \omega\_tag$），我们也有

$$Q\_ant = \frac{1}{Rs\_ant\ Cp\_tot\ \omega\_c}$$

由：

$$Ls\_ant \times Cp\_tot \times \omega\_tag^2 = 1$$

可得：

$$V\_ic = \frac{-jQ\_ant\ V\_ind}{2}$$

1. 网络中有"N^2"（2、4、9 等）个天线的情况

天线网络的结构中包括"n"个连接，每个连接有"n"个天线，每个单独天线的电感值为"Ls_ant"，电阻为"Rs_ant"。这里使用叠加定理，所以我们仅研究移动电话出现在 NFC 框架中的情况，这时磁耦合仅通过单个天线产生，因此磁通量仅从移动设备的单个连接的单个天线中产生。V_ind 就是这个天线的感应电压。

通用的耦合电路图如图 6.23 所示。

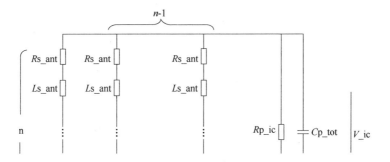

图 6.23　通用耦合电路图

我们现在得到了一系列等效电路图：

1）在每一条连接中，我们都添加上阻抗和电感。

2）应用戴维南-诺顿定理变换，将电路中的电压源转换电流源，如图 6.24 和图 6.25 所示。

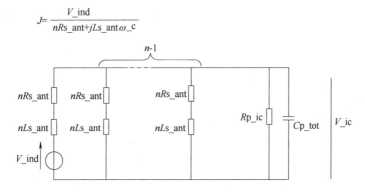

图 6.24　添加 n 个连接

3）我们进行最后的并中联转换。并联的 n 个电感 nLp_ant 给出电感值 Lp_ant。同样的，n 个电阻 nRp_ant 并联，总计为 Rp_ant，如图 6.26 所示。

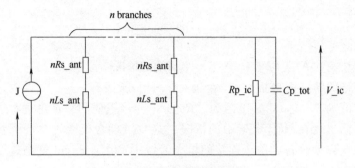

图 6.25　戴维南-诺顿变换

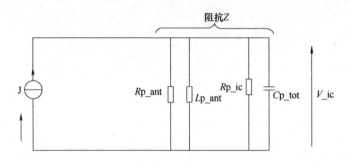

图 6.26　并串联变换

将 Rp_tot，Rp_ic 与 Rp_ant 并连起来，可以得到阻抗 Z 的公式：

$$\frac{1}{Z} = \frac{1}{jLp\_ant \times \omega\_c} + \frac{1}{Rp\_ant} + \frac{1}{Rp\_ic} + jCp\_tot\,\omega\_c$$

即

$$Z = \frac{jLp\_ant \times \omega\_c}{(1 - Lp\_ant \times Cp\_tot \times \omega\_c^2) + j\dfrac{Lp\_ant \times \omega\_c}{Rp\_tot}}$$

现在得到集成电路的终端电压为

$$V\_ic = ZJ = \frac{1}{n} \times \frac{1}{(1 - Lp\_ant \times Cp\_tot \times \omega\_c^2) + j\dfrac{Lp\_ant \times \omega\_c}{Rp\_tot}}$$

$$\times \frac{jLp\_ant \times \omega\_c}{Rs\_ant + jLs\_ant \times \omega\_c} \times V\_ind$$

此外，标签的过电压系数为 $Q\_tag = Rp\_tot/Lp\_ant \times \omega\_tag$。

在这种情况下，调谐的接收者是发起者的载波频率 $\omega\_tag = \omega\_c$，于是：

$$V\_ic = \frac{-jQ\_tag}{n} \times \frac{jLp\_ant \times \omega\_c}{Rs\_ant + jLs\_ant \times \omega\_c} \times V\_ind$$

由于 Rs_ant 相对于（$Ls\_ant \times \omega\_c$）较弱，方程的写入简化为

$$V\_ic = \frac{1}{n}(-jQ\_tag \times V\_ind)$$

在模块中：

$$\frac{V\_ic}{V\_ind} = \frac{1}{n}Q\_tag = f(n, Q\_tag)$$

观察：

$$Lp\_ant = 5.3\mu H \rightarrow Lp\_ant \times \omega\_c = 451\Omega$$

$$Rs\_ant = qq\Omega \ll Ls\_ant \times \omega\_c = 451\Omega$$

2. 序列

经过之前对公式的解释，我们现在来看看天线的设计：

首先，要获得与集成电路的内部电容进行良好调谐的标签天线相同的电感值 L，包含启动器接收到的磁流的 S_tag，标签的总表面值 A_e；

其次，在表面积 A_e 相同的情况下，需要优化线圈的形状，来使得天线的匝数 N 和天线的面积 s 满足上面的条件。

然后，获得优化标签（接收者）与手机（发起者）间的磁耦合系数 k，以取得在移动电话提供的感应强度相同的情况下的最佳操作距离。

为了达到以上目标，我们需要进行多次迭代计算。

3. 标签天线的最小表面积

由发起者产生的磁场 $H(a, r)$ 计算的公式：

$$H(a,r) = \frac{1}{\left[(1+a^2)^{\frac{3}{2}} \right]} \times H(0,r)$$

式中，d 为距离；r 为发射天线的半径；$a = d/r \cdots d = (a \times r)$。

我们可以根据 r 和 d 或 $a = d/r$ 的值，计算 $H(a, r)$ 的值。

4. NFC 框架天线的应用

假设手机的天线是表面积 $50.4cm^2$ 的矩形，并且可以转化为一个近似表面积的圆型天线，那么后者的半径 $r = 4cm$，操作距离 $d = 2cm$，此时 $a = d/r$，即 $2/4 = 0.5$，于是天线的主轴上 $H\_d/H\_0 = 0.716$。这时已配对的标签与手机位于最佳操作位置上。也就是说：

1) 当 $H\_0 = 1A/m$ rms 时（从屏幕的边缘），标签最多只能接收到 $0.716A/m$ 的磁场。

2) 当 $H\_0 = 0.5A/m$ rms 时（从手机的背面），标签最多只能接收到 $0.258A/m$ 的磁场。

观察：当移动电话和框架天线平面夹角为 $45°$（$\cos 45° = 0.707$）时，上述值只能取到相应的 70%。

对于所需的 3cm 操作距离进行相同的计算，在 $H\_0 = 0.5A/m$（从后方移动）的情况下，"粘贴副本"不会产生副作用，该标签配置仅有 $0.25A/m$，因此有必要增加发起者发射的磁场为 $0.358 \sim 0.5\text{A/m}$（即增加 40%），以获得额外的 1cm 操作距离。

5. 磁场和磁感应和 H_th_min 间的关系

假设发起者天线（手机）产生一个中心强度为 H_d_0（比如手机背面的磁场强度为 $H\_0 = 0.5\text{A/m}$）的磁场，并且开放环境中磁场的主轴线上，操作距离 d 处（$H\_d\_2\text{cm} = 0.358\text{A/m}$），可以达到需要的磁场强度。我们通过计算标签 mono-antenne 的最小表面积来获得最大的磁通量。$V\_th\_max = 2.27\text{V rms}$，足以保证集成电路的正常工作。

通过多次使用的公式我们可以计算磁场阈值 H_d_th 的强度：

$$H\_d\_th = \frac{\left[\left[\left(1 - \frac{\omega\_c}{\omega\_t} \right)^2 \right]^2 + \left[\frac{1}{Q_{p2}} \right]^2 \right]^{\frac{1}{2}}}{\omega\_c \times \mu\_0 \times N_2 \times s_2} \times (V\_ic\_th)$$

在接收者通过发送者（$\omega\_c = \omega\_t$）对发射频率进行调谐的情况下，方程式变为

$$H\_d\_th = \frac{1}{\mu\_0 \times N_2 \times s_2 \times \omega} \times \frac{1}{Q_{p2}} \times (V\_ic\_th)$$

$H\_0 = 0.5\text{A/m}$ 移动电话的后侧；

$H\_d\_2\text{cm} = 0.358\text{A/m}$；

$Q_{p2}\_min = 10.31$ 标签调整功率。

$$0.358 = \frac{1}{(4 \times 3.14 \times 10^{-7}) \times (N_2 \times s_2) \times (85.157 \times 10^{+6})} \times \frac{1}{10.31} \times (2.27)$$

$$N_2 \times s_2 = \frac{22.7}{2756.8}$$

$$A_e = N_2 \times s_2$$

$$A_e = N_2 \times s_2 = 61.36\text{cm}^2 (最小值, 则此时 Q_{2p} 最小)$$

总之，如果要使用 mono-antenna，会出现的问题是，在 2cm 处应用框架天线时，有可能在识别线圈的同时进入框架天线圈体：

1）其电感值为 $L = 5.3\mu\text{H}$；

2）零负载品质因数 $Q\_ant\_min = 20.62$；

3）最小总表面积是 $A_e = 61.36\text{cm}^2$。

依据是

1）移动电话背部产生的磁场 $H\_0 = 0.5\text{A/m}$，所以 $H\_2\text{cm} = 0.358\text{A/m}$；

2）对于符合 TIT 格式的 NFC 标签（比如说 TOPAZ 集成电路），其 $V\_ic\_th\_max = 2.27\text{ V eff}$

（1）多天线网络应用的注意事项

我们已经讨论过了包含 n^2 个天线的多天线网络：

$$\frac{V\_ic}{V\_ind} = \frac{-jQ\_tag}{n}$$

如上所述，V_ind 是天线上感应出的正弦电压：

$$V\_ind = -jB\_d \times S\_ant = -j\omega\mu_0 H\_d \times S\_ant$$

式中，S_ant 是与移动电话发生连接的标签天线的表面积；B_d 是在距电话天线 d 处的磁感应强度；因此移动电话的磁场强度绝对值为

$$H\_d = \frac{V\_ind}{\omega\mu_0 S\_ant} = \frac{nV\_ic}{Q\_tag \times \omega\mu_0 S\_ant}$$

所以，在单天线系统中，n 的选择对系统至关重要：

$$S\_ant = n \times \frac{V\_ic}{Q\_tag \times \omega\mu_0 H\_d}$$

因此最好知道为了获得合理的天线表面积，因子 n 的出现可以通过增加相同大小的标签质量系数值 Q_tag，以进行全部或部分补偿，理论上最大 Q_tag 是与值 R_ic 相关联的唯一值。

（2）N_ant 和 s_ant 的优化

为了对 N_ant 和 s_ant 进行优化，需要计算网络中天线的最大体量。因此，我们需要定义几个参数。

（3）天线个数的选择

天线的数量

天线数量越多，接收到的从手机发来的磁通量分布就越好。

天线的机械分布

在我们提出的'并串联'结构的天线网络中，必须要有 n^2 个天线，我们只有 4、9、16、25 等天线数目的选择。

4 天线解决方案

我们可以提出以下设想：

1）天线在框架的一角；

2）天线在框架的一边。

在这两种设想中，空间都无法被完全覆盖，但是这种设想可以应用至小型天线框架上。

9 天线解决方案

这种方案下，我们可以更好得覆盖空间。当然，奇数数目的天线无法平均分布在四边或四角，因此我们需要确定天线的分布。

$n^2 = 9$ 的解决方案如下，比如说：

1）3 个天线在一个长边上；

2）每个短边 2 个天线；

3）2 个天线在另一个长边上（这个边放在桌子上）。

这种方案留出一定的空间，让集成电路可以放在中心，完成天线的连接。

基础天线的机械形状

长方形－正方形

对于框架天线的形状，矩形解决方案成为了普遍的选择，矩形可以和手机里的天线很好的耦合。尽管有横向和纵向的区别，但这个形状有时候并不是发起者与标签耦合的最优选。

以下是天线最大宽度的限制条件：

1）由框架的边缘宽度进行限制；

2）如果印制电路不是双面的，由某些印制痕迹进行限制。

形状与耦合效果

关于移动天线，接下来我们会根据各自的天线进一步估计基站与标签之间耦合情况。

注意：注意手机的品牌和商标，不同品牌和商标天线的形状和大小非常不一样。

（4）9 天线方案的规划

9 天线方案的规划如图 6.27 所示。

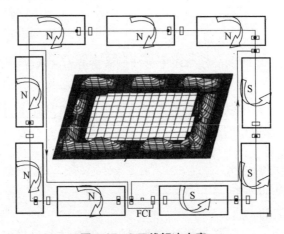

图 6.27 9 天线解决方案

基于以上提出的理由，矩形天线的应用最广泛，因为这种方案可以有效地减小表面积 A_e。我们考虑了框架天线的内外侧，因此天线的已经达到可能的最大体积：

1）25mm 宽（由于框架边缘的限制）；

2）44mm 长（如果我们把 2 个天线安排在框架的短边，长边安排 3 个天线）。

这种线圈的平均面积值是 $23mm \times 40mm = 9.2cm^2$，考虑到应用设备的最小规定面积是 $61.36cm^2$，线圈最小匝数为

$$N_2 = 61.36/9.2$$
$$= 6.67$$
$$= 7 \text{ 匝}$$

接下来我们将验证这个假说是否成立。

本书第 7 章将应用经典公式对矩形天线的应用做出计算，在针对特定的应用元件做出优化后情况会有所不同。表 6.9 是线圈的大小，电感值和最小表面积的总结，基于此我们可以对工业应用中的设计进行实现。

表 6.9　天线绕线示例

阈值频率	13.56	MHz
芯片电容（阈值）	21.1	pF
连接电容	2	pF
线圈电容	2.9	pF
并联电容	26	pF
总体长度	40	mm
总体宽度	23	mm
轨迹厚度	35	μm
轨迹宽度	200	μm
轨迹间裂痕	200	μm
圈数	9	
旋转指数	1.8	
平均线圈面积	706.16	mm^2
L	5.37	μH

观察：由于矩形天线的外形面积是长 × 宽，为了同时获得理想的电感值和最小表面积 A_e，我们通常选择 9 天线的方案而不是 7 天线的方案。

（5）表格内容的一些注意事项

天线阻抗：

持续阻抗，我们可以计算天线的持续静态阻抗值（DC）：

$$R\_dc = (N\_ant \ 1)/s$$

铜和铝各自的电导率如下：

$$Cu = 1.8 \times 10^{-8} \Omega \cdot m$$
$$Al = 3 \times 10^{-8} \Omega \cdot m$$

天线线圈绕组长度为

- $L_{\text{average of a coil}} = (3.6\,\text{cm} + 2\,\text{cm}) \times 2$
- $L_{\text{total}} = 11.2\,\text{cm} \times 9 \approx 1\,\text{m}$

天线部分面积：

$$200\,\mu\text{m} \times 35\,\mu\text{m} = 7000 \times 10^{-12}\,\text{m}^2$$

铝制天线的阻抗

$$R\_ant\_dc\_Al = 3 \times 10^{-8} \times (1/(7000 \times 10^{-12}))$$
$$\approx 4.2\,\Omega$$

与调整标签所需的功率相比，$R\_ant\_dc\_Al$ 是较低的，有利于 Q_ant 值的恢复，并在同一磁场中感应出来，从而在集成电路中可以表现出更大的电压。因此可根据连接数量部分补偿 $1/n$。事实上，$R\_ant = 4.2$，$Q\_tag = (5.3 \times 10^{-6} \times 85.157 \times 10^6 / (4.2 + 27)) = 14.47$ 而不是 10.31，也不是 1.4 或相对于 $n = 3$ 的增加约一半的补偿。

平均表面积：

在以上所说的情况下，因为有 9 个线圈，标签天线的总面积为

$$s\_moy \times 9 = 7.06(\text{见表 6.9}) \times 9$$
$$= 63.5\,\text{cm}^2$$

这是我们可能达到的最理想情况，也存在其他一些方案，列出如下。

（6）绕线方法的选择

出于成本考虑，讨论铜和铝之间的绕组方法的异同很有必要。

表 6.10　绕组技术的影响

技术	铝	铜
最小布线厚度	$30\,\mu\text{m}$	$35\,\mu\text{m}$
最小布线宽度	$250\,\mu\text{m}$	$150\,\mu\text{m}$
最小布线间距	$250\,\mu\text{m}$	$150\,\mu\text{m}$

标签（接收者）天线的宽度：最大 $23 \sim 27\,\text{mm}$，最小 $20\,\text{mm}$，以便能够使用单面电路板进行布线。

考虑了这些限制之后，下表给出了在自感相同的情况下天线的最大表面积：

表 6.11　铝绕组概述

铝						
最大宽度	mm	23	23	20	20	20
对打长度	mm	43	54	39	47	59
圈数		9	8	10	9	8
电感	μH	5.27	5.28	5.25	5.25	5.31
表面平均	cm²	7.12	9.50	5.10	6.58	8.80
表面全部	cm²	64.08	76	51	59.2	70.4
电阻	Ω	4	4.4			~4
系数质量						
结论		正确	可以	不可以	不可以	可以

表 6.12　铜绕组概述

铜						
最大宽度	mm	23	23	21	21	21
最大长度	mm	35	45	30	37	47
线圈数		9	8	10	9	8
电感	μH	5.31	5.29	5.32	5.26	5.31
表面平均	cm²	6.55	8.77	4.86	6.27	8.29
表面全部	cm²	58.95	70.16	48.6	56.43	66.32
电阻	Ω	3.5	4			~3.5
系数质量						
结论		不可以	可以	不可以	不可以	正确

所有天线的品质因数和电阻值都比较精确。

并且,我们不能忘记考虑与集成电路最远的天线相连的导线的电阻值。天线的导线长大约为 1 ~ 1.1m,链路最长可达 2 × 25cm = 0.5m 因此,如果可能,增加轨道的宽度以实现集成电路连接该天线。

(7) 总结

为了确保操作距离,我们将标签天线和手机天线之间的耦合值量化,以确定移动设备的方。

如上文所述,移动电话线圈绕组形状是 4.5cm × 11.2cm 的长方形,线圈的每一匝的横截面积大概为 50.4cm²,为了简化计算,如果天线是圆形的,那么半径 r_1 大概是4cm,中心磁场强度大概是:

$$H\_0\_cm = (N_1 \times I\_L1s)/2r_1$$

在移动电话天线匝数已知的情况下,很容易估算磁场产生的最大电流 I_L1s:

$$H\_0\_screen\ side = 075A/m\ 0.75 = (3 \times I\_L1s)/(2 \times 0.04)$$

因此:

$$I\_L1s = 20mA\ rms$$

当 $r_1 = 4cm$, $N_1 = 3$,根据经典公式,原型天线的电感值会是 L_1:

$$L_1 = 2l[\ln(1/D) - 1.07] \times (N_2)$$

N = 轮数 = 3

A_e = 转弯部分 = 50.4cm²

$l = 2 \times \pi \times r_1 = 25.12cm$

D = 导线直径 = 200μ

$$L_1(nH) = 2 \times (25.12) \times [\ln(25.12/0.02) - 1.07] \times (32)$$

L_1 大概为 $2.742\mu H$。为了简化计算，取 $L_1 = 2.5\mu H$

手机天线（发起者）终端的数字信号处理器电压等于：

$$V_1 = (L_{1s} \times \omega) \times I_1$$

$$= (2.5 \times 10^{-6} \times 85.156 \times 10^6) \times 20 \times 10^{-3}$$

$$= 5.53 \text{ V eff}$$

由于已知数字信号处理器接收到的电压经过空气到达标签天线的电压 $V20\_typ$ 必须为

$$V20\_typ = V\_ic\_typ/Q\_tag$$

$$= 2.1/10$$

$$= 0.21 \text{V rms}$$

我们可以计算出应用电器的耦合系数 k_typ：

$$V20\_typ = V_1 \times k\_typ \times (L_2/L_1) k\_typ$$

$$= (0.21)/(5.53 \times (5.3/2.5))$$

$$= 2.6\%$$

此时互感值为

$$M\_min = k \times (L_2 \times L_1)$$

$$= 0.026 \times 10^{-6} \times (5.3 \times 2.5)$$

$$= 106 \text{nH}$$

6. 通常的最小操作距离

耦合效率 k 让我们可以对操作距离做出最大的理论估计：

$$k\_min\_typ = \left(\mu\_0 \times \frac{r^2}{(\text{rl}^2 + d\_max^2)^{\frac{3}{2}}}\right) \times N_1 \times N_2 \times s_2 \times \left(\frac{1}{L_1 \times L_2}\right)$$

k_min_typ	$= 2.6\%$	$\mu = \mu\_0 = 4 \times \pi \times 10^{-7}$	
N_1	$= 3$	$L_1 = 2.5\mu H$	$\text{r1} = 4\text{cm}$
N_2	$= 9$	$L_2 = 5.3\mu H$	$s2 = 50.4 \times 10^{-4}\text{m}^2$

可得：

$$(\text{rl}^2 + d\_max^2)^{\frac{3}{2}} = \left(\frac{2.73466}{950}\right) = 28.8 \times 10^{-4}$$

$$(\text{rl}^2 + d\_max^2) = 202.4 \times 10^{-4}$$

$$d\_max^2 = (202.4 - 16) \times 10^{-4}$$

$$d\_max = 13.6\text{cm}$$

以上对于距离的估计不包括组件的容忍度值，也就不能确定最大操作距离的下限。为此，我们需要对以上计算 k_min 的公式中的每个部分分别计算：

1）首先假设 N_1、N_2 均没有容忍度（$N_1 = 3$，$N_2 = x$，在制作印制电路板时就确定下来）；

2）s_2 也会在印制电路板时确定；

-因此，唯一需要确定容忍度的是 L_1 和 L_2。通常容忍度 10%。它们的乘积的平方根也是 10%。

显然，我们也需要整合电流的容忍度。其在基站天线中的循环，电压的改变，V_ic 的最差值等等，都会帮助我们预测最坏的情况。

第7章

发起者—接收者天线对及其耦合

让我们快速的回顾一下 NFC 应用的一些要点。

NFC 设备（发起者或接收者）的天线可能会是任何形状：大的、小的、圆的、方的或者弯曲的等等。因此任何形状因子都可能存在。可能会是一张纸、一台电视机、一个相框、一个汽车驾驶操作面板、一个钥匙串、一个吊坠、一个 NFC 手环，当然也有可能是一个手机。

在使用应用的过程中，磁场的强度可能会变化；

距离和耦合情况都有可能变化；

NFC 设备的环境非常多样，有些会妨碍波的传播；

NFC 设备的天线可能特意并没有调谐到 13.56MHz 的载波频率，也可能有时会突然偏离载波频率；

NFC 设备有时可能会成组出现。比方说，多台手机同时在一个包里（一台手机私人用，一台手机工作用），当它们同时通过公共交通的刷卡器时可能产生问题。因此，我们一方面需要对 NFC 设备之间的配对进行管理，另一方面需要管理不同发起者之间的射频（RF）冲突，此外，我们还需要管理应用和协议的轮询问题。

最后，对于一个 NFC 设备，应用可以实现以时间片为单位的功能转换，天线也做相应的配合（比如首先作为发起者，然后变为一个简单接收者，接下来的五分钟切换为卡模拟模式等）。

经过这一番回顾（许多系统设计师往往忽视这些，并因此产生了很多应用性和交互性上的问题），让我们从以上的内容回到 NFC 的物理和电子学基础的下层。

本章有五个主要问题：

1）形状因子；

2）调谐与失调；

3）不适于电磁波传播的环境；

4）天线在不同时间的不同功能；

5）距离的变化和由此而来的耦合情况的变化。

7.1　电路与耦合

接下来我们将专注于电路部分和电路在 NFC 设备中的电磁耦合方式。为了简化，我们将先从发射天线和接收天线开始讨论。

1）多样的电路形状：幸运的是，电路通常是扁平的，形状也比较简单，例如圆形，方形等。

2）电路在空间中的相对位置：幸运的是，通常电路会被设计成安装在平行的面板上，并且与电路的主轴同轴（本该如此），但在手机中的情况是个例外，因为我们不知道接收天线在哪里。

3）电路间的距离：尽管天线会被设计成安装在平行的面板上，并且与电路的主轴（通常）同轴。但发射天线和接收天线间的距离也是一个不确定的值：可能是一个常数，也可能随时间变化（如果接收天线正接近发射天线）。这可能会产生一系列后果。

4）电路的调谐：一般已配对好的发起者—接收者天线组是已经调谐好的。但他们各自的调谐频率可能会距离很远（14～30MHz）或者接近（13.56MHz 和 16MHz），或者非常接近（13.56MHz 和 14.5MHz）或者相同（13.56MHz）。

以上可以总结为图 7.1。

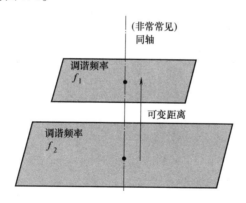

图 7.1　耦合堆叠

7.1.1　互感

互感现象描述一个磁通路对另一个磁通路的影响，表示了磁通路中的电流变化会导致另一个磁通路的电压的变化。根据定义，两个电路之间的互感是由一个电偶极子穿过另一个电偶极子产生的电流所产生的通量之比。如图 7.2 所示。

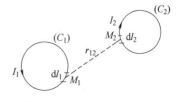

图 7.2　互感原理

考虑两个天线网络（天线的环路）C_1 和 C_2，这两个网络中的电流 I_1 和 I_2 是反向的。I_1 在 C_1 中流动产生磁场 H_1，磁感应强度为 B_1，B_1 在 C_2 中产生的磁通量规定为 Φ_{12}：

$$\Phi_{12} = \iint_{S_2} \vec{B_1} \cdot \mathrm{d}S$$

利用电势向量 $\vec{A}$ 的经典表达，可以改写该等式得到下式：

$$\Phi_{12} = \iint_{S_2} \vec{B_1} \cdot \mathrm{d}S = \iint_{S_2} \vec{rot}\ \vec{A_1} \cdot \mathrm{d}S$$

同理，应用斯托克斯定理，以上等式可以转换为

$$\Phi_{12} = \iint_{S_2} \vec{rot}\ \vec{A_1} \cdot \mathrm{d}S = \oint_{C_2} \vec{A_1} \cdot \vec{\mathrm{d}l_2}$$

此外，电势向量 $\vec{A}$ 可以由一个线性电路 C_1 流过电流 I_1 产生，可以写为

$$\vec{A_1} = \frac{\mu_0}{4\pi} \oint_{C_1} I_1 \frac{\vec{\mathrm{d}l}}{r_{12}}$$

因此，Φ_{12} 的最终表达式可以写作如下曲线二重积分的形式（$\mathrm{d}l_1$，$\mathrm{d}l_2$ 是 C_1 和 C_2 曲线长度的微分）：

$$\Phi_{12} = l_1 \cdot \left(\frac{\mu_0}{4\pi} \oint_{C_2} \oint_{C_1} \frac{\vec{\mathrm{d}l_1} \cdot \vec{\mathrm{d}l_2}}{r_{12}} \right)$$

接下来，我们会将互感值 L_{12} 简写为 M，关于 L_{12} 有公式：

$$\Phi_{12}/I_1 = L_{12}$$

$$L_{12} = \frac{\mu_0}{4\pi} \oint_{C_2} \oint_{C_1} \frac{\vec{\mathrm{d}l_1} \cdot \vec{\mathrm{d}l_2}}{r_{12}} = M$$

比如说：

$$Area = \int_0^R \int_0^{2\pi} r\mathrm{d}r\mathrm{d}\theta$$
$$= 2\pi R^2/2$$
$$= \pi R^2$$

值得注意的是 $M = L_{12}$ 这一点，不会因为 C_1 和 C_2 改变排列次序而改变，因此

$$\Phi_{21} = L_{21}I_2 = L_{12}I_2$$

参数 M 代表了互感的大小（互感代表了一个主电流 I_1 或者主电压 V_1 对副电压 V_2 的影响，或者相反）。这种主电路和副电路间在物理上相互影响的现象其程度可以被总结为电感 M。

如果介质的磁导率 μ_r 相同，磁通量会与电流 I_1、I_2 成比例。涉及的比例系数有

1）主线圈电感 L_1

2）副线圈电感 L_2

3）两个线圈间的互感 M

7.1.2　完全互感

如果主电感 L_1 所生成的全部磁通量都会通过副电感 L_2 每个部分，那么互感 M 就可以说是完全的。在这个假说的基础上，很容易对未调谐电路的互感做出量化：

- 副线圈中，已知电流 I_1 可以计算出 emf $= -jM\omega I_1$
- 主线圈中，已知电流 I_2 可以计算出 emf $= -jM\omega I_2$

因此，倘若主线圈上的电压是 V_1，我们利用网孔分析法可以很容易写出公式：

- 主线圈中，$V_1 - jM\omega I_2 \quad = I_1(R_1 + jX_1)$，其中 $X_1 = L_1\omega$；
- 副线圈中，$-jM\omega I_1 \quad = I_2(R_2 + jX_2)$，其中 $X_2 = L_2\omega$.

将 I_2 回代到主线圈的公式并展开，我们可以得到：

$$V_1 = \left[I_1\left(R_1 + R_2 \frac{M^2\omega^2}{R_2{}^2 + X_2{}^2} \right) \right] + j\left[\left(X_1 - X_2 \frac{M^2\omega^2}{R_2{}^2 + X_2{}^2} \right) \right]$$

因为在现实中虚数部分必须为零，意味着：

$$X_1 = X_2\left(\frac{M^2\omega^2}{R_2{}^2 + X_2{}^2} \right)$$

如果 R_2 小于 $L_2\omega$（几乎总是如此），那么 R_2 的平方相对于 X_2 的平方可以忽略不计，于是我们得到：

$$L_1\omega = \frac{M^2\omega^2}{L_2\omega}$$

于是：

$$M = \sqrt{(L_1 L_2)}$$

7.1.3　不完全的互感

让我们来看一下最普遍的情况（也就是我们在 NFC 设备的应用中最常遇到的情况），此时发射天线产生的磁通量只有一部分流过接收天线（这部分可大可小）。发射天线线圈 L_1 产生的总磁通量 Φ_total 被分成两个部分：可用的磁通量 $\Phi\_useable$（这部分磁通量会穿过 L_2 的线圈）和泄漏磁通量 Φ_leak。

电流 i_1 和 i_2 产生的磁通量在表 7.1 中列出。

表 7.1　电流 i_1 和 i_2 产生的通量

	主要磁通量	次要磁通量
i_1 电流产生的	$\Phi_{11} = L_1 i_1$	$\Phi_{12} = M i_1$
i_2 电流产生的	$\Phi_{21} = M i_2$	$\Phi_{22} = L_2 i_2$
共同产生的	$\Phi_{1\,tot} = \Phi_{11} + \Phi_{21}$	$\Phi_{2\,tot} = \Phi_{12} + \Phi_{22}$

1. 泄漏磁通量

让我们来区分一下 Φ_{11} 产生的通量中的两部分：一方面 Φ'_{11} 对应于和两个电路相同的磁力线，其他的 f_1 对应于仅通过了主线圈而没有通过副线圈的磁力线，如图 7.3 所示。

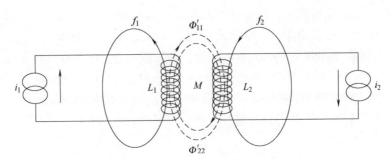

图 7.3　泄漏通量

相同的区分可以应用于 Φ_{22}：Φ'_{22} 和 f_2。只有 Φ'_{11} 和 Φ'_{22} 参与了耦合，而 f_1 和 f_2 变成了泄漏流量。通过引入名为耦合指数的参数，我们可以描述 L_1 与 L_2 间的耦合程度。正如我们之后将看到的，耦合描述了所有部件的聚合程度，是紧密的、标准的，或是薄弱的。显然，耦合程度依赖于天线的形状，材料，距离，磁场环境等，我们将设定以下参数：

N_1：发射天线匝数；

N_2：接收天线匝数；

s_2：接收天线面积；

B_d：线圈距离 d 处的电感值。

考虑到磁通量，我们可以将互感 M 的公式写成如下形式：

$$M' \times I_1 = N_2 \times \Phi_{21} = N_2 \times (B\_d \times s_2)$$

2. 远端同轴圆形天线的线圈

举例来说，在圆形同轴天线中 B_d 是由半径为 r 的发射天线 L_1 对距离为 d 的线圈 L_2（接收天线中）产生的电感值。在 L_2 的中心和主轴上，我们可以计算互感 M' 的值：

$$M' = N_2 \times \left[\left(\mu \times \frac{r^2}{2(r^2 + d^2)^{\frac{3}{2}}} \times N_1 \right) \right] \times s_2 \rightarrow \quad M' = f(r, d)$$

简化的方法

有时，为了估计 M 值，我们不会计算线圈的曲线积分，如下式：

$$L_{12} = \frac{\mu_0}{4\pi} \oint_{C_2} \oint_{C_1} \frac{\overrightarrow{\mathrm{d}l_1} \cdot \overrightarrow{\mathrm{d}l_2}}{r_{12}}$$

直接从磁通量入手可能会更容易一点。比如下图，当 L_1 和 L_2 都是圆形时，半

径分别为 r_1 和 r_2 时，从较远的距离看，这两个线圈几乎是同重心的（我们在第八章就是用这种方法测量天线中心的磁场强度的），这样可以简化计算。

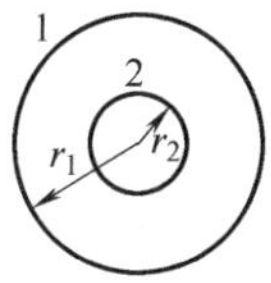

图 7.4　磁通量的编码

事实上，用这种方法我们可以更容易的计算 C_1 确定的磁场 H_1，当 L_1 处在磁场中心时：

$$H_1 = \frac{N_1 i}{2r_1}$$

根据以上公式，磁感应强度就是 $B_1 = \mu H_1$，B_1 产生的磁通量流经 C_2 的部分写作 Φ_{12}，C_2 的面积为 $S_2 = N_2 \pi r_2^2$：

$$\Phi_{12} = B_1 \times S_2$$

$$\Phi_{12} = \mu \left(\frac{N_1 i}{2r_1} \right) (N_2 \pi r_2^2)$$

$$\Phi_{12} = \frac{\mu \pi N_1 N_2 r_2^2}{2r_1} i$$

因此，两个同轴同心圆形线圈间的互感 M' 为

$$M' = \frac{\mu \pi N_1 N_2 r_2^2}{2r_1}$$

示例：
- 发起者线圈 B_1：　　$N_1 = 5.5$　$r_1 = 1.65/2 = 0.825 \text{cm}$
- 接收者线圈 B_2：　　$N_2 = 5$　$r_2 = 0.5 \text{cm}$

$$M' = \frac{\mu \pi \times 5.5 \times 5 \times (0.5^2) \times 10^{-2}}{2 \times (0.825)}$$

$$M' = 164 \text{nH}$$

注意：如果线圈不是严格的正圆（或正方形及其他形状），那么需要计算线圈的曲线积分，来获得互感 M' 的精确值。

7.1.4　耦合系数 k

在通常情况下，互感并不完全，互感值 M 会比计算出来的值低一些。实际上，仅仅是最大值的 $x\%$。我们将圆形天线随机排列系统的耦合质量用耦合系数 k 来描述：

$$k = \frac{M'}{M} = \frac{\sqrt{(\Phi_{12} \Phi_{21})}}{\sqrt{(\Phi_{11} \Phi_{22})}} = \frac{M'}{\sqrt{(L_1 \times L_2)}} \quad \text{其中 } k \text{ 以百分数}(\%)\text{表示}$$

以下是根据诺依曼公式给出的 k 的严格表达（与上式相同，但是更严格）：

$$k = \frac{\oint_{\Gamma_1}\oint_{\Gamma_2}\dfrac{\overrightarrow{\mathrm{d}l_1}\,\overrightarrow{\mathrm{d}l_2}}{r_{12}}}{\sqrt{\oint_{\Gamma_1}\dfrac{\mathrm{d}^2\overrightarrow{l_1}}{r_1}\oint_{\Gamma_2}\dfrac{\mathrm{d}^2\overrightarrow{l_2}}{r_2}}}$$

式中，$\mathrm{d}l_1$ 和 $\mathrm{d}l_2$ 是天线长度的微分；r_{12} 是天线间的距离；r_1 和 r_2 分别是天线的半径。

注意：一般 k 总是小于 1，$k = 1$ 是不可能达到的理想情况，泄漏总是存在。

因此，耦合系数 k 是一个只依赖于机械参数的数值，因为 M、L_1、L_2 实际上只与线圈的形状，维度，距离和匝数有关。

因此，经过计算，对两个共线圆形天线，我们有如下结论：

r（等效的）是一个边长为 19cm 的正方形天线等效于半径为 10.5cm 的圆形天线；

d 是发射天线和接收天线中心间距离；

s_2 是接收天线一匝的横截面积；

L_{1o} 和 L_{2o} 是两个天线 L_1，L_2 各自的一匝电感值；

$L_{1o} = L_1 / N_1$，$L_{2o} = L_2 / N_2$。

$$k = \left[\left(\mu \times \frac{r^2}{2\left(r^2 + d^2\right)^{\frac{3}{2}}}\right) \times s_2\right] \times \sqrt{\left(\frac{1}{L_{1o} \times L_{2o}}\right)} = g(r,d)$$

值得注意的是当接收天线与发射天线中心重合（$d = 0$）时，我们得到最大的耦合系数值：

$$k\_o = \left[\left(\mu \times \frac{1}{2r}\right) \times s_2\right] \times \sqrt{\left(\frac{1}{L_{1o} \times L_{2o}}\right)} = g(r, d = 0)$$

耦合系数 k 的计算和测量

根据以上公式，很容易计算互感 M 的值。当我们知道一些天线机械参数（距离等）的时候，可以计算耦合系数 k 的值。但是如果在等式中引入介质（金属部件、磁屏等）的磁性能参数，则在计算上更为复杂。因此，为了避免这种缺陷，接下来我们将介绍一个简单的方法，利用一些容易获得的参数很好的估计这些值。

在知道这一点之后，我们看一下未经调谐的电路对的情况。当 I_2 不存在时，I_2 对主线圈的影响也不复存在。因此 $V_2 = V_{20}$，因此我们有

$$z_1 = R_1 + jL_1\omega$$
$$i_1 = V_1 / z_1$$
$$v_{2o} = -jM'\,\omega I_1$$

通过取模，有下式：

$$V_{2o} = M' \times \omega \times I_1$$
$$V_{2o} = \left[k \times \sqrt{(L_1 \times L_2)}\right] \times \omega \times I_1$$

因为 $I_1 = V_1/Z_1$：

所以

$$I_1 = V_1/\left[\sqrt{(R_{12} + (L_1 \times \omega)^2)}\right]$$

假设 $Q_1 = (L_1\omega)/R_1 \gg 10$（NFC 应用中总是这样），意味着：

$$R_{12} \ll (L_1 \times \omega)^2$$

得出

$$I_1 = V_1/(L_1 \times \omega)$$

因此

$$V_{2o} = \{[k \times \sqrt{(L_1 \times L_2)}] \times \omega\} \times [V_1/(L_1 \times \omega)]$$

即

$$k = \frac{|V_{20}|}{|V_1|} \times \frac{\sqrt{L_1}}{\sqrt{L_2}}$$

以上参数可以在介质内部进行测量，诸如 V_1、V_{2o}、L_1、L_2 等均是非常容易测量的参数（接下来我们将对此进行解释）。

7.2　通过互感耦合的调谐电路

图 7.5 所示为两个非同耦合谐振电路（发射天线和接收天线）的电路图，该图几乎是通用的。

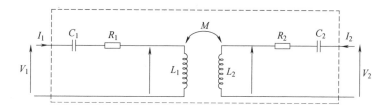

图 7.5　调谐电路通过互感耦合

7.2.1　为什么说"几乎"

首先让我们考虑一下零负载四极子的耦合系统（不考虑由接收天线的终端集成电路组成的阻抗，意味着不会达到接收天线的磁场阈值 H_d_th 电路 V_{2o} 的阈值电压）。我们应用以下公式：

$$x = 1/L_1 C_1 \omega^2 \qquad Q_1 = L_1 \omega/R_1$$
$$y = 1/L_2 C_2 \omega^2 \qquad Q_2 = L_2 \omega/R_2$$

当我们把两个四极子的循环用等式形式表达：

$$V_1 = I_1(R_1 + jX_1) + jM\omega I_2$$

$$- jM\omega I_1 = I_2 (R_2 + jX_2)$$
$$V_1 = (R_1 + j(L_1\omega - 1/C_1\omega) I_1 + jM\omega I_2$$
$$= j\omega [L_1 (1 - x + 1/jQ_1) I_1 + MI_2]$$
$$V_2 = jM\omega I_1 + (jL_2\omega + 1/jC2\omega + R) I_2$$
$$= j\omega [MI_1 + L_2 (1 - y + 1/jQ_2) I_2]$$

我们可以由此导出几个矩阵方程：

$$\frac{V_1}{V_2} = j\omega \begin{vmatrix} L_1 (1 - x + 1/jQ_1) & M \\ M & L_2 (1 - y + 1/jQ_2) \end{vmatrix} \frac{I_1}{I_2}$$

这个矩阵行列式值如下：

$$Det = j\omega [L_1 (1 - x + j/Q_1) L_2 (1 - y + j/Q_2) - M^2]$$
$$Det = j\omega L_1 L_2 [(1 - x + j/Q_1)(1 - y + j/Q_2) - M^2/L_1 L_2]$$

由之前提出的公式 $k = M/\sqrt{L_1 L_2}$，

$$Det = j\omega L_1 L_2 [(1 - x + j/Q_1)(1 - y + j/Q_2) - k^2]$$

容易证明矩阵行列式的值不等于零，该矩阵可逆。

7.2.2 耦合指数 n

已知互感公式的情况下，我们可以引入一个新的参数描述耦合——耦合指数 n，公式如下：

$$n^2 = \frac{M^2}{L_1 (1 - x + j/Q_1) L_2 (1 - y + j/Q_2)}$$
$$n^2 = k^2 \frac{Q_1}{(Q_1 (1 - x) + j)} \times \frac{Q_2}{(Q_2 (1 - y) + j)}$$

简化后，$n^2 = k^2 (A_1 A_2)$

$$A_1 = \frac{Q_1}{(Q_1 (1 - x) + j)}, \quad A_2 = \frac{Q_2}{(Q_2 (1 - y) + j)}$$

由于各边的谐振影响，原来的耦合系数 k 被乘了一个总增益 $A = A_1 A_2$（由于通过 Q_1 与 Q_2 的环路）

1. A_1 和 A_2 的最优值

A_1 和 A_2 的最优值可以通过减少乘式中各项的分母来得到。这意味着：倘若 $x = y = 1$，即发射天线和接收天线有共同的谐振频率，并且经过调谐，我们可以得到下式：

$$|A_{1\,max}| = Q_1$$
$$|A_{2\,max}| = Q_2$$

因此，也只有在这种情况：

$$|n^2_{max}| = k^2 Q_1 Q_2, \quad n = k \sqrt{(Q_1 Q_2)}$$

那么：
$$n = k \left[\sqrt{\left[\left(L_1\omega / R_1 \right) \times \left(L_2\omega / R_2 \right) \right]} \right]$$

则
$$n = k\omega \sqrt{\left(L_1 L_2 / R_1 R_2 \right)}$$

可知
$$M = k \sqrt{\left(L_1 L_2 \right)}$$
$$n = \left(M\omega \right) / \sqrt{R_1 R_2}$$

于是
$$n^2 = \left(M\omega \right)^2 / R_1 R_2$$
$$M\omega = n \sqrt{\left(R_1 R_2 \right)}$$

2. n 的取值，以及紧密耦合、标准耦合和薄弱耦合的定义

定义：

- 当 $0 < n < 1$：耦合是薄弱的；
- 当 $n = 1$：耦合是标准的；
- 当 $n > 1$：耦合是紧密的。

7.2.3　小结

因此，能量转移与耦合系数 k 的二次方成正比（$n^2 = k^2 Q_1 Q_2$）。发起者天线和接收者天线的谐振放大了这种转移。这种放大是通过乘以各自电路的品质因数 Q_1、Q_2 实现的。说得再清楚一点，真正的耦合指数 n 包括了：

1）耦合系数 k，它只取决于线圈的机械参数，线圈间的距离和磁场环境的特性（μ）对电路的影响。因此线圈的其他内部技术特征对其没有影响。

2）电路的品质因数 Q_1，Q_2，这两个参数不可避免地与各自电路的电气特性和应用的技术特性有关。

因此，耦合指数 n 是一个处于物理耦合和纯技术放大器之间的产物。也可以被称作绩效因子。这个数值在耦合的谐振电路中无所不在。

总而言之，耦合指数是一个不只依赖于系统机械参数，并且依赖于系统的电气品质因数 Q_1、Q_2。实际上，Q_1、Q_2 的值与系统电路设计有关（比方说调谐等），并不依赖于机械参数。在电路中，k 只是 Q 的一个功能。

通过引入耦合指数 n 这个参数，我们可以利用电路的谐振（必须是在有限频率的谐振，并且两个电路调谐在同一频率）来获得发起者天线和接收者天线耦合系数的可观增加。发射天线和接收天线都各自调谐了，并且各自扮演了耦合增强器的角色。当天线的物理连接和磁连接比较薄弱时，比如说两个天线相距太远。这时两个电路的谐振可以进行双重的放大，让耦合效果好一些。

然而，不同于 k，n 是一个复数，它的值可能大于1，并且之前的分析出现了偏差，在之前的分析中我们没有考虑最终的电源（因为即时充电电路的阻抗是无穷大的，也就是相当于集成电路的一个阈值场）接下来我们将看到，这种充电电路更加复杂，因为调谐和阻抗匹配的概念交织在一起，并且依赖于物理耦合和质

量因数的值，即使单端电路也是如此。

7.3 调谐到相同频率的同相耦合电路

出于简化考虑，来看下列情况，电路图如图 7.6 所示。这是两个 R、L、C 完全相同的电路（$L_1 = L_2 = L$；$C_1 = C_2 = C$；$R_1 = R_2 = R$），因此阻抗 Z 也相同，可以获得耦合指数 n 的最优解。这两个电路通过互感 M 互相连接，耦合因子为 k，并且 $k < 1$。通过改变发射天线和接收天线间距离，耦合因子 k 可以改变。

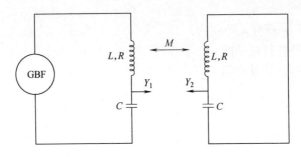

图 7.6 相同的耦合电路，调谐到相同的频率

重要提示：这种情况并不现实，但是通过计算（我们接下来就会计算不同电路，不同调谐状况的例子），我们总可以有最优的规划。

当我们把发起者天线的电路两端加上电压 V：

$$V_1 = ZI_1 + jM\omega I_2 = (R + j(L\omega - 1/C\omega))I_1 + jM\omega I_2$$
$$0 = ZI_2 + jM\omega I_1 = (R + j(L\omega - 1/C\omega))I_2 + jM\omega I_1$$

由此可以解出：

$$I_1 = \frac{ZV_1}{Z^2 + M^2\omega^2}$$

$$I_2 = \frac{-jM\omega V_1}{Z^2 + M^2\omega^2}$$

回头看电路图，我们现在可以计算二次电路中电容 C 两端的电压（当电路工作在集成电路的阈值电压时）。为了对此进行计算，我们在一次电路两端加上正弦电压 V_1，如图 7.7 所示。

7.3.1 转换函数

假设发起者天线电路两端的电压 V_1 是常数，我们来计算电路中的电压转换函数，找出接收者天线集成电路接收到的电压的值。

由 $Z = R + j(L\omega - 1/C\omega)$，我们可以将电路图写成公式的形式，如下：

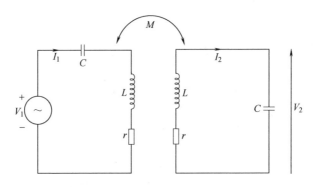

图 7.7　计算电容器 C 端子处的电压 V_2

$$V_1 = ZI_1 + jM\omega I_2$$
$$-jM\omega I_1 = ZI_2$$
$$V_2 = I_2/jC\omega$$

由以上公式组，我们可以推导出电压转换函数：

$$A(\omega) = \frac{V_2}{V_1} = \frac{M}{C} \frac{1}{(Z^2 + M^2\omega^2)}$$

注意：电压转换函数近似代表发起者天线产生的外部磁场和工作在阈值电压的接收者天线集成电路接收到的电压的关系。这些等式可以进行简化，我们接下来说明。

让我们回到 $A(\omega)$ 的表达式看看它和耦合指数 $n = M\omega/R$（其中 $Q = 1/RC\omega$）的关系。

$$A(\omega) = \frac{V_2}{V_1} = \frac{n}{RC\omega} \frac{1}{(1 + jX/R)^2 + n^2}$$

$$A(\omega) = \frac{V_2}{V_1} = \frac{n}{(1 + jX/R)^2 + n^2} Q (不考虑, \omega \text{ 值})$$

7.3.2　转移系数 K_t

我们定义 K_t 为转移系数：

$$K_t = \frac{1}{(1 + jX/R)^2 + n^2} (K_t \text{ 是一个复数变量})$$

$$A(\omega) = \frac{V_2}{V_1} = -K_t Q (不考虑, \omega \text{ 值})$$

当处于谐振状态下，即 $X = 0$，转移因子 K_t 的表达式被简化了，变为下式：

$$K_t = \frac{n}{1 + n^2}$$

由此我们可以看出 K_t 是 n 的函数，在 $n = 1$ 即标准耦合时达到最大值 0.5，这

点与电流 I_2 一样。

$$I_{2\,\max} = -j\frac{V_1}{2\sqrt{R_1 R_2}}$$

$K_t = f(n)$ 的图象如图 7.8 所示。

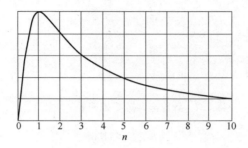

图 7.8 $K_t = f(n)$

其中：

表 7.2 耦合索引的值和名称

n	耦合	K_t
$0 < n < 1$	弱	增长从 0 到 0.5
$n = 1$	普通	最大为 0.5
$n > 1$	强	从 0.5 到 0 衰减

7.3.3 主要参数总结

所有定义的重要特性，总结起来有五种，见表 7.3。

表 7.3 主要参数总结

		=	=	=
互感	M	$\sqrt{L_1 L_2}$		
耦合系数	k	$M/\sqrt{L_1 L_2}$		
耦合指数	n	$M\omega/\sqrt{R_1 R_2}$	$k\omega\sqrt{(L_1 L_2/R_1 R_2)}$	$k\sqrt{Q_1 Q_2}$
传输系数	K_t	$n/(1+n^2)$		
传递功能	$A(\omega)$	$-K_t Q$		

1. 几个例子和耦合中的测量

在之前的例子中，测量是在发送者和接收者上进行的。比如说我们在发送者的天线终端注入 2.5V 的电压，在接收者的终端测量到 2V 的零负载电压，示例见表 7.4。

表 7.4 耦合测量的例子

	等于	单位	发起者	接收者
R		Ω	1	7
L		μH	0.7	0.53
X	$L\omega$	Ω	60.75	45.6
Q	X/R		$Q_1 = 57.3$	$Q_2 = 6.5$
测量电压		V	$V_1 = 2.5$	$V_2 = 0.38$
K	$(V_2/V_1)\left[\sqrt{(L_1/L_2)}\right]$			0.1687
N	$k\sqrt{(Q_1 * Q_2)}$			3.25
K_t	$n/(1+n^2)$			0.28
$A(\omega)$	$K_t\sqrt{Q_1 * Q_2}$			5.58
M	$k\sqrt{L_1 L_2}$	nH		103

我们在几次测量中得到了所需数据

2. 电压比率 V_2/V_1，$f(\omega) = A(\omega)$

让我们来看一下在频率变化时，电压 V_2 的变化。

这种计算让我们可以得到副线圈的电容 C 两端的电压，所以接收天线集成电路终端电压会停留在阈值电压（电容负载不会过重）

因此，不考虑 ω 的值，我们令：

$$\delta = (\omega - \omega_0)/\omega_0 = (f - f_0)/f_0 = \Delta f/f_0$$

或者：

$$\omega = \omega_0(1 + \delta)$$

参数 δ 标志了"失谐"的程度。Z 的表达式可以写为

$$Z = R + j(L\omega - 1/C\omega)$$
$$= R + jL\omega_0\left[(1 + \delta) - 1/(1 + \delta)\right]$$

或者：

$$Z = R\left(1 + j\frac{L\omega_0}{R} \times \frac{\delta(2 + \delta)}{1 + \delta}\right)$$

$$Z = R\left(1 + jQ\delta\frac{(2 + \delta)}{1 + \delta}\right)(Z\text{ 的精确值不考虑 } \omega)$$

我们引入一个新变量 h'：

$$h' = Q\delta\left(\frac{(2 + \delta)}{1 + \delta}\right)$$

由于 $Z = R(1 + jh')$，将 Z 的值回代入 $A(\omega)$ 可得：

$$A(\omega) = \frac{V_2}{V_1} = \frac{M}{C} \frac{1}{(R^2(1+jh')^2 + M^2\omega^2)}$$

$$A(\omega) = \frac{V_2}{V_1} = \frac{M}{C} \frac{1}{(R^2(1+jh')^2 + n^2R^2)}$$

由于 $n = M\omega/R$：

$$A(\omega) = \frac{V_2}{V_1} = \frac{n}{RC\omega} \frac{1}{(1+jh')^2 + n^2}$$

由已知公式 $\omega = \omega_0(1+\delta)$，$Q = 1/RC\omega_0$：

$$A(\omega) = \frac{V_2}{V_1} = \frac{n}{RC\omega_0(1+\delta)} \times \frac{1}{(1+jh')^2 + n^2}$$

$$A(\omega) = \frac{nQ}{(1+\delta)[(1+jh')^2 + n^2]} = \frac{nQ}{(1+\delta)[(1+n^2-h'^2) + j2h']} = V_2/V_1$$

因此，通过 h 的值代入转移函数 $A(\omega) = V_2/V_1 = f(\omega)$ 可得其模值为

$$|A| = \frac{nQ}{(1+\delta)\sqrt{[(1+n^2-h'^2)^2 + (2h')^2]}}$$

由于：

$$h' = Q\delta\left(\frac{(2+\delta)}{1+\delta}\right)$$

最终 $A(\omega)$ 表达式可以写为

$$|A| = \frac{Qn(1+\delta)}{\sqrt{[(1+\delta)^2 + n^2(1+\delta)^2 - Q^2\delta^2(2+\delta)^2)^2 + 4Q^2\delta^2(2+\delta)^2]}}$$

7.3.4 当频率临近谐振频率的操作

在 $\delta < 1$ 并且 $\delta^2 \ll 1$ 时，h' 被简化为一个新的变量 h：

$$h = 2Q\delta$$

$$Z = R(1+jQ2\delta)$$

同样的，最开始的 $A(\omega)$ 表达式及 A 的模可以简化为下式（不考虑近似）：

$$A(\omega) = \frac{nQ}{(1+\delta)[(1+jh')^2 + n^2]} = \frac{nQ}{(1+\delta)[(1+n^2-h'^2) + j2h']} = V_2/V_1$$

$$|A| = \frac{nQ}{(1+\delta)\sqrt{[(1+n^2-h'^2)^2 + (2h')^2]}}$$

可以得到转移函数 $A(\omega) = V_2/V_1 = f(\omega)$ 的表达式：

$$A = \frac{-nQ}{(1+jh)^2 + n^2} = \frac{nQ}{(1+n^2-h^2) + j2h}$$

当 $\delta \ll 1$ 时有以下近似：

$$|A| = \frac{nQ}{\sqrt{[(1+n^2-h^2)^2 + (2h)^2]}}$$

或者，在 $\delta \ll 1$ 时近似为

$$|A| = \frac{nQ}{\sqrt{[(1+n^2-4Q^2\delta^2)^2+16Q^2\delta^2]}}$$

1. $A(\omega)$ 的频率响应

在谐振频率 f_0 附近，当 h 接近于 0，转移函数 $A(\omega)$ 的模如下：

$$|A| = \frac{nQ}{\sqrt{[(1+n^2-h^2)^2+(2h)^2]}} = f(n,h)$$

在谐振频率处，即 $\omega^2 = 1/(LC)$，$X = 0$，$h = 0$：

$$A(\omega) = \frac{V_2}{V_1} = \frac{nQ}{1+n^2} = K_t Q$$

因此，$A(\omega)$ 与 K_t 这两个函数的形状近似，并且都是 n 的函数。当 $n=1$ 时，达到最大值。

2. 转移函数的极值

为了确定转移函数 $A(\omega)$ 极值的横坐标绝对值，我们利用上文提及的（形式为 $a/\sqrt{u}$）相关的频率变量 $h(=2Q(f-f_0)/f_0)$ 对其进行了推导：

$$|A| = \frac{nQ}{\sqrt{[(1+n^2-h^2)^2+(2h)^2]}} = f(h)$$

经过简化和展开可得：

$$|A| = -\frac{nQ}{\sqrt{[(h^2(h^2-2(n^2-1))+(n^2+1)^2]}} = \frac{u}{v} = f(h)$$

将上式对 h 进行微分可得：

$$A'(h) = \frac{nQ}{2} \times \frac{[[(h^2(h^2-2(n^2-1))+(n^2+1)^2]^{\frac{3}{2}}] \times [2h(h^2-(n^2-1))]]}{v^2}$$

当因子 $\{2h[h^2-(n^2-1)]\} = 0$，满足条件的 h 有三个取值：

当 $f = f_0$ 时，满足 $h = 0$：

- 对应着当 $0 < n < 1$，或 $n = 1$ 时 $|A|$ 的一个最大值
- 对应着 $n > 1$ 时 $|A|$ 的最小值

$$h = +\sqrt{(n^2-1)}$$
$$h = -\sqrt{(n^2-1)}$$

当 $n > 1$ 时，这两个值与 1 的中心最小值相关的两个横向最大差值一致。

显然，后两种情况只能在 $n > 1$ 时，也即紧密耦合时存在。因此，有一个特定值：耦合指数 $n = 1$，被称为"过渡耦合"或"关键耦合"，此时横向的最大值消失，并且只有一次。

相反的，当 $n < 1$ 的弱耦合情况下，我们只可能在 $h = 0$ 时获得唯一的最大值。

后文的图 7.9 ~ 图 7.11 展示了在 $h(\omega)$ 从 -5 到 5 变化的过程中转移函数

$|A|=V_2/V_1$ 模的变化情况，同时还有在品质因数为 100 的调谐电路中耦合指数 n 从 $0.5\sim1$（见图 7.9）的变化和从 1 到 3 的变化（见 7.10）。

（1）弱耦合：$n<1$

图 7.9 所示为在耦合指数 $n<1$（$0.5\sim1$）的情况下，响应曲线只在 $f=f_0$ 处有一个最大值点，但是其值小于 $Q/2$。

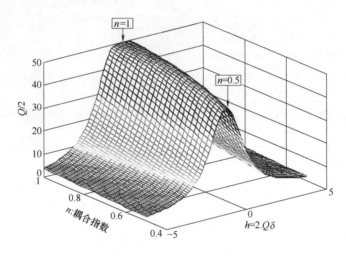

图 7.9 $n<1$——弱耦合

（彩色版见 www. iste. co. uk/paret/antenna. zip）

（2）标准耦合：$n=1$

从图 7.9 中可以看到，$n=1$ 时，标准耦合使得函数曲线有一个平顶（$B_p=\sqrt{2}f_0/Q$），然后曲线快速下降，成为一个很好的带通滤波器。

（3）过耦合：$n>1$

图 7.10 所示为在耦合指数 $n>1$ 的情况下（$1<n<3$），共振的响应不同于本征共振频率 f_0（$h=0$）下的响应，并且更加尖锐，尖峰值恒为常数 $Q/2$。

（4）总结

在 NFC ISO 18092（和 ISO 14443）标准下，边带调制的两个副载波频率为 13.56MHz ± 848KHz，为此我们需要将总带宽 B_p 限制在以载波 f_0 为中心的 1.356MHz 内，这是 $A(\omega)$ 曲线的两个尖峰所在，也就是两个尖峰分别在 12.882MHz 和 14.238MHz 处。为此我们需要有

$$B_p=1.356\text{MHz}$$
$$f-f_0=\Delta f=B_p/2$$
$$=1.356/2\text{MHz}$$
$$=0.678\text{MHz}$$

考虑到
$$\delta=(f-f_0)/f_0$$

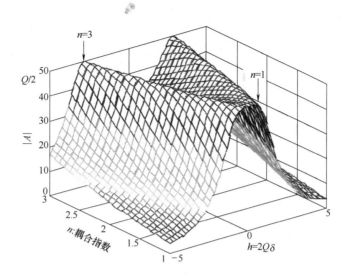

图 7.10　过耦合——$n>1$

（彩色版见 www. iste. co. uk／paret／antenna. zip）

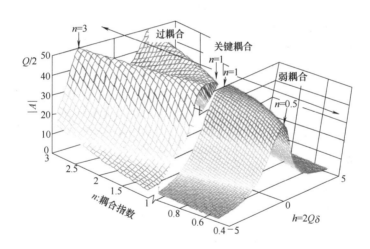

图 7.11　耦合指数概述

（彩色版见 www. iste. co. uk／paret／antenna. zip）

$$\delta = 0.05$$

且 Q
$$Q = \sqrt{Q_2 Q_3}$$
$$= -20$$
$$h = 2Q\delta$$
$$= 2 \times 20 \times 0.05$$
$$h = 2$$

此外，尖峰处的横轴值 h 由以下公式给出：

$$h = + \sqrt{(n^2 - 1)}$$

则　　　　　　　　$h^2 = (n^2 - 1)$

又因为　　　　　　$4 = n^2 - 1$

所以　　　　　　　$n^2 = 5$

即　　　　　　　　$n = 2.236$

于是得到

$$K_t = n/(n^2 + 1)$$
$$= 2.236/6$$
$$K_t = 0.373$$
$$A(\omega) = K_t Q$$
$$= 0.373 \times 20$$
$$A(\omega) = 7.46$$

3. 在不考虑 n 的情况下 $|A|$ 的中央极值

如果不考虑 n 的值，我们来计算 $|A|$ 的中央极值：

$$|A| = \frac{nQ}{\sqrt{[(1 + n^2 - h^2)^2 + 4h^2]}}$$

当 $h = 0$ 时，即 $f = f_0$ 时：

$$|A - f_0| = \frac{nQ}{1 + n^2} = K_t Q = f(n)$$

而中央极值的特殊形状曲线如下所示：

当 $0 < n < 1$，极值对应着一个不断增加的最大值；

当 $n = 1$ 时，极值达到最大，为 $Q/2$；

当 $n > 1$ 时，极值逐渐下降。由于耦合效应，将产生负载效应。

图 7.12 所示为在 $Q = 100$ 时，$|A_{\max}|$ 的值随耦合指数 n 的变化而变化的情况。

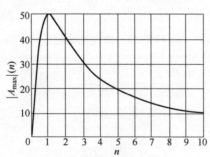

图 7.12　$|A_{\max}|$ 的变化 $= f(n)$，

初始 $Q = 100$ 的电路

注意：

在 $0.7 < n < 2$ 这个区间，$|A_{\max}|$ 的值可以取到最大值 $Q/2$ 的 80% 或以上。

在以上所举的例子中，当 $n = 2.236$，$A = 0.373Q$，我们可获得 $0.373/0.5 = 74.6\%$ 的 A 的最大值（没有取 $n = 1$ 的最优耦合点，因此造成了 25.4% 的损耗）

4. 当 $n \to 0$ 时 $|A|$ 的中心极值（非常弱的耦合）

当 $n \leqslant 1$ 时，$|A|$ 只有一个极值，即为 $|A|$ 的最大值 $|A_{\max}|$，当 $n \to 0$ 时，我们有如下公式：

$$|A| = -\frac{nQ}{\sqrt{\left[(1 + n^2 - h^2)^2 + 4h^2\right]}}$$

当 $n \to 0$ 时，

$$|A\_0| = -\frac{nQ}{\sqrt{\left[(h^2 + 1)^2\right]}}$$

即

$$|A\_0| = -\frac{nQ}{\sqrt{(h^2 + 1)}}$$

$n \to 0$ 时的 3dB 带宽：

$$\frac{nQ}{h^2 + 1} = \frac{1}{\sqrt{2}} \times \frac{nQ}{1}$$

则

$$h^2 = \sqrt{2} - 1 = 0.414$$

$$h = \sqrt{(\sqrt{2} - 1)} = 0.643$$

$$= 2Q\delta$$

$$= 2Q(f - f_0)/f_0$$

$$2(f - f_0) = 0.643 f_0/Q$$

所以，当 $n \to 0$，

$$B_{\mathrm{p}} @ -3\mathrm{dB} = 0.643 \frac{f_0}{Q}$$

5. $n = 1$ 时 $|A|$ 的中心极值

在 $|A|$ 的函数中，$n = 1$ 是一个非常特殊的点，这个点代表了"过渡耦合"或"关键耦合"，这个点有三个极值。

当 $n = 1$ 时：

$|A|$ 共同的中央极值将会通过 $|A_{\max}|$ 的最大值即 $Q/2$，这是 RLC 谐振电路可以达到的最大值的一半。

$n = 1$ 时，$|A|$ 作为 h 的函数，可以写作：

$$|A| = \frac{nQ}{\sqrt{\left[(1 + n^2 - h^2)^2 + 4h^2\right]}}$$

$$|A| = -\frac{Q}{\sqrt{[(4+h^4)]}}$$

$n=1$ 时，$|A|$ 的模比最大值减小了 3dB，因此：

$$|A| = \frac{Q}{\sqrt{[(4+h^4)]}} = \frac{1}{\sqrt{2}} \times \frac{Q}{2}$$

$$\sqrt{[(4+h^4)]} = 2\sqrt{2}$$

即

$$4+h^4 = 8$$

$$h = \pm\sqrt{2}$$

由 $h = 2Q\delta$：

$$\delta = \frac{+\sqrt{2}}{2Q} = \frac{f-f_0}{f_0}$$

$$f_1' = f_0\left(1-\frac{\sqrt{2}}{2Q}\right), \quad f_2' = f_0\left(1+\frac{\sqrt{2}}{2Q}\right)$$

这个值是类似于如公式 $Q/\sqrt{(4+h^4)}$ 的形式，因此相对平坦，3dB 带宽如下式：

$$n=1(f_2-f_1) = B_p @ -3\text{dB} = \sqrt{2}\frac{f_0}{Q} = 1.414\frac{f_0}{Q}$$

6. 当 $n>1$ 时，$|A|$ 的两个间隔的最大值

当 $n>1$ 时，很容易看出不管 n 的值如何，纵坐标的两个最大值对应的横向值保持恒定，对应着 f_1 与 f_2 两个谐振频率（这两个频率总是位于本征频率 f_0 的两侧，正如我们之前所说的）

让我们来计算当 $h = \pm\sqrt{(n^2-1)}$ 时 $|A|$ 的值，由于平方的存在，这两个值完全相同：

$$|A| = \frac{nQ}{\sqrt{[(1+n^2-h^2)^2+4h^2]}}$$

$$|A| = \frac{nQ}{\sqrt{((2)^2+4n^2-4)}}$$

$$A_1(f_1) = A_2(f_2) = |A_{max}| = \frac{Q}{2}$$

现在我们已经计算出 $|A|$ 的通用表达式 $|A| = f(n, h)$：

$$|A| = -\frac{nQ}{\sqrt{[(1+n^2-h^2)^2+4h^2]}}$$

并且，当耦合指数 $n>1$ 时：

第一，两个最大值：$A_1(f_1) = A_2(f_2) = |A_{max}| = Q/2$，不论 $n>1$ 的值是多少。

第二，最小值：

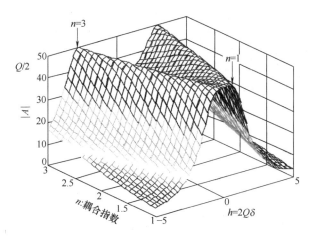

图7.13 当 $n > 1$ 时，$|A|$ 的最小值和两个最大值的值

（彩色版见 www. iste. co. uk／paret／antenna. zip）

$$|A_{\min}| = \frac{nQ}{1 + n^2} = f(n)$$

接下来我们来寻找曲线的特殊点，比方说以下两个例子：

当 $n > 1$，最大值外侧的极值，不同于中心极值，可通过公式 $h = 2Q\delta$ 和 $\delta = (f - f_0)/f_0$ 解得，两个频率可通过如下计算得到：

$$h = \pm \sqrt{(n^2 - 1)} = 2Q((f - f_0)f_0)$$

$$f_1 = f_0 \left(1 - \frac{\sqrt{(n^2 - 1)}}{2Q} \right) \text{和} f_2 = f_0 \left(1 + \frac{\sqrt{(n^2 - 1)}}{2Q} \right)$$

（1）例1

对于已知的 $n > 1$，让我们来计算 h'_1，h'_2 的值（或者说是 f'_1，f'_2）。在这两个位置，函数值 $|A|$ 与 f_0 处相同。这样就需要得到 n 给定的情况下 h 的值：

$$|A| = -\frac{nQ}{\sqrt{[(1 + n^2 - h^2)^2 + 4h^2]}} = \frac{nQ}{n^2 + 1}$$

为了验证整个方程，需要分母处：

$$\sqrt{(a^2 + b^2)} = n^2 + 1$$

因此：

$$h^2 [h^2 - 2(n^2 - 1)] = 0$$

这个方程可能有三个根，$h'_0 = 0$、h'_1 和 $h'_2 = \pm \sqrt{2(n^2 - 1)}$。

由于曲线的尖峰可能在 $h = \sqrt{n^2 - 1}$，所以 h'_1 和 h'_2 都是 h 的 $\sqrt{2}$ 倍。因此：

$$h' = \pm \sqrt{2(n^2 - 1)} = 2Q((f - f_0)f_0)$$

$$f_1' = f_0\left(1 - \frac{\sqrt{2(n^2-1)}}{2Q}\right), \quad f_2' = f_0\left(1 + \frac{\sqrt{2(n^2-1)}}{2Q}\right)$$

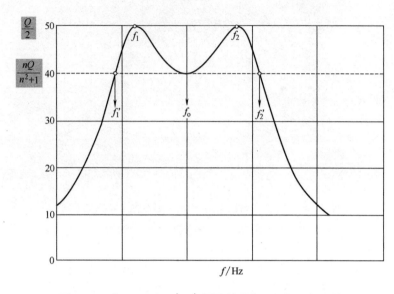

图 7.14   当 $n > 1$ 时，$|A|$ 的最小值和两个最大值的值

（彩色版本见 www. iste. co. uk/paret/antenna. zip）

$(f_2' - f_1')$ 间距离是：

$$n > 1 \quad f_2' - f_1' = \sqrt{(2(n^2-1))}\frac{f_0}{Q} = \sqrt{(n^2-1)}\sqrt{2}\frac{f_0}{Q}$$

f_1' 处与 f_2' 处的幅度等于 $nQ/(n^2+1)$。峰谷值之比为 $[nQ/(n^2+1)]/(Q/2) = 2n/(n^2+1)$。

（2）例 2：3dB 带宽

让我们来计算当电压衰减 3dB 处对应的 n 值，并且计算对应的带宽：

$$\frac{2n}{(n^2+1)} = \frac{1}{\sqrt{2}}$$

在以下二阶方程中，方程根为 $n = 2.414$ 和 $n = 0.414$。

$$n^2 - n2\sqrt{2} + 1 = 0$$

函数峰值的幅度为 $Q/2$，但是中心点的幅度只有 $(Q/2)/\sqrt{2}$（或者说 3dB 衰减）。这就意味着在载波上，我们可能会损失 41.4% 的远程供能。我们在变带上获得的增益，会在载波上损失掉。

3dB 带宽为

$$B_\mathrm{p}@ -3\mathrm{dB} = f_2' - f_1' = \sqrt{(2(n^2-1))}\frac{f_0}{Q}$$

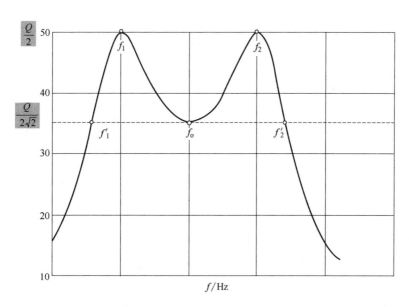

图 7.15　当 $n > 1$ 时，$|A|$ 的最小值和两个最大值的值

（彩色版见 www. iste. co. uk/paret/antenna. zip）

其中 $\qquad n = 2.414, B_p @ -3dB = 3.10 \dfrac{f_0}{Q}$

总结：图 7.16 以 2D 图片的形式展示了以上提到的所有响应函数的曲线，忽略了细节。图中 $f_0 = 10.7MHz$，$C = 220pF$，$L = 1\mu H$，$r = 0.68\Omega$，$Q = 100$，n 取值为 0.2 ~ 2.4。

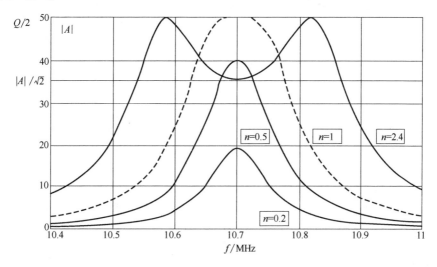

图 7.16　2D 表示的例子

（彩色版见 www. iste. co. uk/paret/antenna. zip）

7. 耦合总结表

表 7.5　耦合总结表

	耦合指数	耦合类型	选择性	带宽 $B_p = 2\Delta f$ @ -3dB	例子：同样 B_p 下的耦合系数 $f_0 = 13.56\text{MHz}$ 比特率 = 106kbit/s	能量
	n		S	B_p	$B_p @ 3\text{dB} = 386\text{kHz}$	S
单天线		无耦合	$\dfrac{\sqrt{(1+4Q^2(\Delta f/f_0)^2)}}{\sqrt{(1+4Q^2(B_{p2}/4f_0^2)}}$	f_0/Q	35	1.411
双耦合天线	0	无耦合				
	接近 0	非常弱耦合		$0.643 f_0/Q$		
	0 ~ 1	弱耦合	$\dfrac{1+4Q^2(\Delta f/f_0)^2}{1+4Q^2(B_p^2/4f_0^2)}$		22.5	1.410	当 $Q = 35$ boosted
	接近 1	关键耦合	$\dfrac{\sqrt{(1+4Q^4(\Delta f/f_0)^4)}}{\sqrt{(1+Q^4(B_p^4/4f_0^4)}}$	$1.414 f_0/Q$	49.67	1.4139
	>1 2.414	过耦合		3.10 f_0/Q		

表 7.6　测量值的例子

测量值		发起者 + 接收者	
		发起者	接收者
匝数		2	4
R	Ω		
L	μH	2	4
L_o		1	1
$Q = X/R$		25	25
R	cm	3.5	
s_2	mm^2		$70 \times 43 = 3000$
$[(Q/2)/\sqrt{2}]/(Q/2)$	%	70	
$n = k\sqrt{(Q_1 Q_2)}$		2.5	

（续）

测量值		发起者 + 接收者	
		发起者	接收者
$k = n/\sqrt{(Q_1 Q_2)}$		0.1	
$K_t = n/(1 + n^2)$		0.34	
$A(\omega) = K_t \sqrt{(Q_1 Q_2)}$		8.62	
$M = k \sqrt{(L_1 L_2)}$	nH	$0.1 \times \sqrt{(2 \times 4)} = 282$	
$k = (V_2/V_1)[\sqrt{(L_1/L_2)}]$		$0.38/2.6[\sqrt{(0.7127/0.535)}]$ $= 0.1687$	$1.58/2.6[\sqrt{(0.7127/1.32)}]$ $= 0.447$
距离		$k = \left(\mu \times \dfrac{r^2}{2(r^2 + d^2)^{\frac{3}{2}}}\right) \times s_2] \times \sqrt{\left(\dfrac{1}{L_{1o} \times L_{2o}}\right)}$	

第8章 ●●●●●

发起者—接收者耦合和负载效应

通常，NFC 系统耦合是紧密的或非常紧密的，因为所需的通信应用距离对于安全的"接触后离开"或"接触并确认"应用程序来说太小了。这样的情况下，当一个 NFC 接收者，即一个处于卡模拟模式的手机，被一个移动 POS 机读取过程中，如图 8.1 所示，接收者上很可能出现电压过载，这种过载是由发起者的电压转换函数 $A(\omega)$ 所导致的，表示其品质因数 Q 和共振本征频率的函数。

图 8.1　在诸如 POS 机或 mPOS 机的发起者上读取卡
模拟模式中的 NFC 设备接收者手机

8.1　由耦合所导致的负载效应

通常在被动模式下（逆向调制）（例如在一个 POS 机或 mPOS 机上的手机或平板电脑使用卡模拟模式模拟芯片卡时）当发起者的电流变低更明显时，频率响应的振荡会变得更加稀疏，辐射场减弱，操作距离会大大减小。事实上不仅仅是发起者的零负载磁场不太重要（因为 POS 机和 mPOS 机是用电池运行的），为了能够正常工作，我们必须减少操作距离，使接收者更接近发起者，磁场强度会更大。这种现象叫做耦合负载效应，引起这种效应的原因如下：

1）零负载磁场的值再次减小；

2）导致我们需要让发起者和接收者的距离更小；

3）导致它们之间的耦合增强了；

4）于是，中心点的响应值凹陷加深；

5）从而导致发起者的电流减小了；

6）导致发起者产生的磁场减小了；

7）这样一来，就没有办法对接收者正常供电，等等。

信号畸变得越厉害，能传递的数据就越少。这就是整个过程的情况。

注意：这个现象在 ATM 应用中会减弱，因为发起者距离表面只有几厘米，因此耦合减弱，负载效应也就减弱了。但是距离增大了，我们需要更强的磁场。

接下来我们将详细介绍副线圈电压 V_2，和发起者主线圈中的电流 I_1。

8.2 耦合调谐天线的主电流

为了将上一部分的讨论主题画成电路图，我们再一次写出可以描述"利用电感耦合的两个调谐电路"（发起者和接收者如图 8.2 所示）的物理量和公式。这两个电路不一定要调谐在同一频率上。

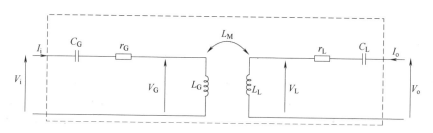

图 8.2 具有电感耦合的调谐主电路和二次电路

如果 E（图中 V_i）是发起者集成电路终端电压，考虑接收端可能会有的由主副线圈中电流引起的电磁感应，应用电路网孔分析法可以写出下列物理量和公式：

E：发射端电源电压；

M：线圈 L_1，L_2 之间互感；

R_1：主线圈串联电阻（R_1 是发射端活跃天线的电压）；

（基站天线电阻 r_1 ＋ 电源内部电压）

R_2：副线圈总等效串行电阻（天线阻抗 ＋ 负载 ＋ 环境等效阻抗）；

$X_1 = L_{1\omega} - (1/C_{1\omega})$，主线圈电抗；

$X_2 = L_{2\omega} - (1/C_{2\omega})$，副线圈电抗；

M：主线圈与副线圈间互感。

8.2.1 发起者，无负载（磁场中不存在接收者）

首先我们量化发起者电路中电流 I_{1o}。在零负载，即场中不存在任何接收者的情况下，我们可以写出这种情况下的电路网孔简单方程：

$$[R_1 + \mathrm{j}(X_1)]I_{1o} = E$$

在这个方程中：

R_1 代表电路中所有串联电阻总的等效值（电源发生器、调谐电路、匹配电路等）。

X_1 代表了主线圈中的等效电抗值（如果需要的话，也包括阻抗匹配电路如电容阻抗桥）。迟早，电抗会写成 $(L_{1\omega} - 1/C_{1\omega})$ 的形式。$(\omega_{1o})^2 = 1/L_1 C_1$，其值并不一定需要等于设定的工作频率 ωf。

注意：在大多数 RFID/非接触式/NFC 应用中，在零负载情况下：

1）发起者一般会调谐至工作频率 13.56MHz。此时 $\omega_{1o} = \omega f$，在这种频率下，$X_1 = 0$，发起者的阻抗是实数，也就是 R_1 的值。

2）为了给发起者提供最大的功率，电源的阻抗通常会通过桥式电容匹配电路相匹配，但我们可能会将其转化为一个等效电路。

8.2.2 发起者磁场中存在负载（接收者）的情况

让我们写出主电路网孔和副电路网孔的方程：

$$E - \mathrm{j}M\omega I_2 = I_1(R_1 + \mathrm{j}X_1)$$
$$-\mathrm{j}M\omega I_1 = I_2(R_2 + \mathrm{j}X_2)$$

（1）主电路方程

让我们从主电路来说。我们看看发起者的电路会从已调谐好的接收电路接收到的影响，为此我们需要从方程中消掉 I_2：

$$I_2 = -\mathrm{j}M\omega I_1/(R_2 + \mathrm{j}X_2)$$

我们可以将该值回代入原方程组：

$$E - \mathrm{j}M\omega I_2 = I_1(R_1 + \mathrm{j}X_1)$$
$$E = I_1[(R_1 + \mathrm{j}X_1) + (M^2\omega^2/(R_2 + \mathrm{j}X_2))]$$

然而：

$$\frac{M^2\omega^2}{R_2 + \mathrm{j}X_2} = \frac{M^2\omega^2(R_2 - \mathrm{j}X_2)}{(R_2 + \mathrm{j}X_2)(R_2 - \mathrm{j}X_2)} = \left[R_2\frac{M^2\omega^2}{R_2{}^2 + X_2{}^2} = \mathrm{j}\left(X_2\frac{M^2\omega^2}{R_2{}^2 + X_2{}^2}\right)\right]$$

我们得到的最终方程给出了发起者电源 E 的不同值和 I_1 间的关系。两者都是负载，即接收者及其所处环境（金属屏、铁素体、电池）的函数。

$$E = \left[\left(R_1 + \frac{M^2\omega^2 R_2}{R_2{}^2 + X_2{}^2}\right) + \mathrm{j}\left(X_1\frac{M^2\omega^2 X_2}{R_2{}^2 + X_2{}^2}\right)\right]I_1 = Z_\mathrm{p}I_1$$

这个方程有以下要点。

负载，即接收者（处于卡模拟模式的手机或者平板电脑或者 NFC 钥匙等的天线），会在发起者的零负载电路方程中增加其他项，这些项倾向于：

第一，增大 R_1 阻抗的实部的值：

$$R_2\left(\frac{M^2\omega^2}{R_{2^2}+X_{2^2}}\right)$$

第二，主电路接收到的电抗的值（阻抗的值）取决于电抗 X_2 的值（还有正负），如下：

$$X_2\left(\frac{M^2\omega^2}{R_{2^2}+X_{2^2}}\right)$$

第三，副线圈电抗 $X_2(L_2\omega-1/C_2\omega)$ 依赖于电路工作频率 ω。电路的谐振频率为：$\omega_{2o}^2=1/L_2C_2$，ω_{2o} 通常等于：

1）等于 ωf，这种情况下，电抗 X_2 的值为零

2）或者 ωf 小于 X_1 的谐振频率和 X_2 的 ω_{2o}。此时 X_1 和 X_2 都是感性的，X_2 在主线圈上产生一个电感。（通常，由于可能会有多个标签和卡片同时出现，我们会把 ω_{2o} 的值设定为高于 ωf。）

3）ωf 大于 X_1 和 X_2 的谐振频率。由于可能会有多个标签和卡片同时出现，我们会把 ω_{2o} 的值设定为高于 ωf。此时在 ωf，X_2 表现为感性电抗，其值为负值，X_2 在主线圈上产生一个电感，并对主线圈的调谐产生一定影响。

（2）主线圈接收到的共振

如果 X_1 与 X_2 的值满足如下方程：

$$X_2\left(\frac{M^2\omega^2}{R_{2^2}+X_{2^2}}\right)=X_1$$

电抗项从方程中消失了，系统达到谐振状态。此时，电路可等效为电源（E，R_1）给负载 $R_2M^2\omega^2/(R_2^2+X_2^2)$，负载功率达到最大。

注意：在应用中，已调谐的负载电路的品质因数 $Q_2=L_2\omega/R_2$ 需要足够大（比如 >20），但又不过大，以满足 ISO 14443 对信号质量的要求。因此我么需要：$L_2\omega>R_2$ 且 $(L\omega)^2=X_2^2\gg R_2^2$，因此电抗项等于：

$$X_2\left(\frac{M^2\omega^2}{R_{2^2}+X_{2^2}}\right)=\frac{M^2\omega^2}{X_2}$$

利用以上方程对由耦合效应引起的负载效应进行量化计算，也可以很容易地计算出'发起者 – 基站'的天线中零负载电流和非零负载电流之比：

$$\frac{I_1}{I_{1o}}=\frac{[R_1++j(X_1)]}{\left[R_1+\dfrac{M^2\omega^2R_2}{R_{2^2}+X_{2^2}}+j\left(X_1\dfrac{M^2\omega^2X_2}{R_{2^2}+X_{2^2}}\right)\right]}=\frac{(I_1)有负载}{(I_{1o})无负载}$$

这个等式很明显地依赖于负载 R_2，X_2 和与距离相关的互感 M 的值。由于 M 是耦合因子 k 的函数，也就是发起者和接收者 d 之间的函数。在任何情况下，这些负载参数都会减小发起者电路中零负载电流的值，因此发起者线圈中电流也会减弱，天线发射的磁场会因此被削弱，正常工作距离就会减小。有时工作距离甚至会减到零，系统无法正常工作。

以上是我们在 RFID 和 NFC 系统中遇到的问题的一个重要原因。现在，我们需要对方程中的内容进行回溯，来处理这个问题。

8.2.3　环境因素对 R_2 的影响

通常，估计环境因素（外壳，盒子，印制电路板）对 R_2 影响的等效电阻 ΔR_2 值，是最困难的部分。

为此，我们需要没有环境因素的影响下，在开放环境中的有 R_{2o}（已知，或者说很容易获取），互感 M（或者已知 k），给定的距离 d，以及在电路调谐的情况下，对应的电流 I'_{1o}。

然后，在工作环境下，将标签电路调整至调谐状态后，在其他值保持不变的情况下，我们测量电流 I''_{1o} 的值，通过方程计算此时的 $R_2(R_2 = R_{2o} + \Delta R_2)$，以获得对应当前环境的 ΔR_2，计算负载效应所占'比重'。

8.3　一些改进想法

让我们从一开始不太成熟的理论假设入手：用户希望工作在 $X_1 = 0$，$X_2 = 0$ 的情况下，并且主线圈和副线圈都各自调谐好了。

实际上，当处在工作频率时，$X_2 = 0$ 是很难实现的（大多数接收者都将自己的频率提高，以方便多个 NFC 设备的管理和减少碰撞，否则，ISO 18092 NCF IP1，ISO 21481 NFC IP 2 规定的碰撞管理方法就将无用武之地）

I_1/I_{1o} 的比值公式经过简化为

$$\frac{I_1}{I_{1o}} = \frac{R_1}{\left[R_1 + \dfrac{M^2\omega^2}{R_2}\right]} = \frac{(I_1)\,有负载}{(I_{1o})\,无负载}$$

R_1 的增大由 $M^2\omega^2/R_{2s}$ 引起

其中 $M = k\sqrt{L_1 L_2}$，或 $M^2 = k^2 L_1 L_2$

$$\frac{I_1}{I_{1o}} = \frac{R_1}{\left[R_1 + \dfrac{k^2 L_1 L_2 \omega^2}{R_2}\right]} = \frac{(I_1)\,有负载}{(I_{1o})\,无负载}$$

或 $Q_2 = Q_{2s} = L_2\omega/R_2$，因此，

$$\frac{I_1}{I_{1o}} = \frac{R_1}{[R_1 + k^2 L_1 Q_2 \omega]} = \frac{(I_1)\,有负载}{(I_{1o})\,无负载}$$

从这个等式中我们可以得到以下结论，为了消除负载效应的影响，$k^2 L_1 Q_2 \omega$ 的值需要尽可能小。

在最坏的情况下，其他参数不变，为了让电流间的比值尽可能靠近 1，分母中

的附加项 R_1 需要尽量小，并且在系统的操作范围内，保持为常数。因此 $(k^2 L_1 L_2 \omega^2 / R_{2s})$ 的值，系统操作距离的函数，也必须为常数。

也就是说，R_{2s} 的值与 k^2 成比例，但根据前面所述，我们可以写出以下方程：

$$Q_2 = Q_{2s} = L_2 \omega / R_2 = Q_{2p} = R_{p2} / L_2 \omega$$

该方程可等效为

$$R_{2s} \approx R_{p2} / Q_2^2$$

回到前面的方程，我们将分子分母同时除以 R_1，可得：

$$\frac{I_1}{I_{1o}} = \frac{1}{\left[1 + \dfrac{k^2 Q_2 L_1 \omega}{R_1} \right]} = \frac{(I_1) 有负载}{(I_{1o}) 无负载}$$

由 $L_1 \omega / R_1 = Q_1$ 和 $n^2 = k^2 Q_1 Q_2$，我们可以得出：

$$\frac{有负载}{无负载} = \frac{I_1}{I_{1o}} = \frac{1}{[1 + k^2 Q_1 Q_2]} = \frac{1}{1 + n^2}$$

n 为耦合指数。这种情况下，可以有以下方法解决：

定义合适的 n_min 来获得 I_1 / I_{1o} 的最大值；

然后，令 n_min 为常数，也就是说，当 Q_1 保持不变的情况下，品质因数 Q_2 作为发起者和接收者间距离的函数，需要随着耦合系数的增加而减小，于是 $k^2 Q_2$ 的值保持为一个常数。总而言之，品质因数 Q_2（还有 R_{p2}，R_{2s}），作为发起者和接收者间距离的函数，需要以 $1/k^2$ 的比例减小。这样，随着时间的变化会产生一个非常特殊的分流电阻（我们在本章靠后的部分将予以讨论）。

让我们来看看另一个假说（这个假说要真实一些），这个假说假设当系统处于工作频率 ωf 时，$X_1 = 0$，$X_2 = x$，基站部分是调谐的（几乎总是如此）。因此我们可以写出：

$$\frac{I_1}{I_{1o}} = \frac{R_1}{\left[R_1 + \dfrac{M^2 \omega^2 R_2}{R_2^2 + X_2^2} + j\left(\dfrac{M^2 \omega^2 X_2}{R_2^2 + X_2^2} \right) \right]}$$

其中 $M^2 = k^2 L_1 L_2$：

$$\frac{I_1}{I_{1o}} = \frac{1}{\left[1 + k^2 Q_1 \dfrac{L_2 \omega}{(R_2^2 + X_2^2)} (R_2 - jX_2) \right]}$$

这个等式非常实用，因为它仅仅需要发起者调谐至工作频率，而这通常都可以实现，它也考虑了接收者有可能会被调谐至与初始值不同的工作频率的情况，而这也是非常常见的（因为可能同时存在的多张卡片，接收者经常会稍微调高一点工作频率）。把等式展开得：

$$\frac{I_1}{I_{1o}} = \cfrac{1}{\left[\left(1 + k^2 Q_1 \cfrac{L_2 \omega}{R_2(1 + X_2^2/R_2^2)}\right) - \mathrm{j}k^2 Q_1 \cfrac{L_2 \omega X_2}{R_2 \times R_2(1 + X_2^2/R_2^2)}\right]}$$

令 $p = X_2/R_2 = \tan\varphi_2$，得：

$$\frac{I_1}{I_{1o}} = \cfrac{1}{\left[\left(1 + \cfrac{k^2 Q_1 Q_2}{(1 + p^2)}\right) - \mathrm{j}\left(k^2 Q_1 Q_2 \cfrac{p}{(1 + p^2)}\right)\right]}$$

$$\frac{I_1}{I_{1o}} = \cfrac{1}{\left[\left(1 + \cfrac{n^2}{(1 + p^2)}\right) - \mathrm{j}\left(n^2 \cfrac{p}{(1 + p^2)}\right)\right]}$$

这样，至关重要的事情就是计算出在何种情况下，当工作在 ωf 时，等式 $p = X_2/R_2$ 的值与 1 相比可以忽略不计。我们就不一定需要在回溯前面的部分。

8.4 负载效应

在前面屡次提及之后，我们终于可以对负载效应的概念做出概括并定义。

8.4.1 定义和解释

负载效应是一种物理效应，这种物理效应表示以 NFC 接收者为代表的负载（各种形式的）对发起者（零负载）初始化操作的各种影响（无论动态还是静态）。在物理上，主要的问题是负载值的变化对发起者（或处于主动模式的接收者）中电流大小的影响。这个效应描述零负载和非零负载状态的不同——也就是产生的磁场的不同——这就是负载效应这个名字的由来。

负载效应对于芯片卡和 RFID 领域的从业人员来说非常熟悉，并且也是 NFC 应用非常典型的特征。特别是对于那些基于 NFC 的手机构建，分时模拟非接触式卡片，并且未来希望或者需要与现有的读取设备相交互，遵守由 ISO 14443 发展而来的测试标准 ISO 10376-6 的应用。在写作本书的这段时间内，一些细节已经写入了非接触式智能卡标准中，更多的细节写入了 RFID 标准 ISO 18000-x。然而现行的 NFC IP1、IP2 和 NFC Forum 标准很少提及负载效应。

相比之下，"负载调制"，也就是我们最后讨论的内容，主要是一个动态效果。它是由于根据数据传输的节奏对负载进行动态调制，来在"返回通道"上进行逆向调制造成的。在发起者和接收者的通信之间，负载调制在 ISO 10376-6 和 ISO 14443 中有详细的讲解。

因此，要留意千万不要搞混"负载调制"和这里讨论的"负载效应"的概念。

在遵守 ISO 14443 规范，卡片制式是 ID1 的塑料卡片的非接触式芯片卡系统中，负载效应的问题常常被忽视。因为负载效应可能不存在（单纯的记忆卡）或者非常轻微（单片机卡、护照、耗费更多的功率用于操作或加密的卡片）。同时，在物理上，它们有一部分只会加载卡片的"动态"消耗，只有很少一部分会有外部负载（也只是非常小的一片塑料）。

在实际应用中，NFC 设备的形状因子和负载都与芯片卡完全不同。比方说，当一台处于卡模拟模式的 NFC 手机的接收者靠近一个发射设备时，它在发射设备（套管的金属部分如铁、铜等，电池，集成电路等，甚至包括使用者的手）产生的磁场中不会呈现一个中性状态。另外，手机的型号有成千上万种，不同的模型，不同的内部零件分布，设备应用程序间不同的启动方式都有差别。

因此，由于缺乏认识，NFC 系统或者应用的设计者常常会忽视这些影响，结果立刻就发现他们面临着严重的功能性问题，工作距离缺陷，甚至偶尔在任何距离都无法正常使用。我们可以用术语"NFC 设备的形状因子"来总结所有这些可能性。

我们此处举有 NFC 功能的设备的一个基础但非常重要的问题作为例子。这些设备主要工作在卡模拟模式，很多应用被设计为交通、支付、mPOS 方面的用途。在这些应用中，设备通常工作在被动模式，用轮询双工方式，依靠调谐电路间的磁耦合在近距离磁场内通信（能量 + 数据传输，以及数据的逆向调制）。

8.4.2　负载效应中涉及的参数

系统中的主要参数有互感 M，磁耦合系数 k，耦合指数 n，这些已经在第 7 章讨论过，并且这些都是下列参数的直接函数：

1）发起者和接收者间已知的工作距离；

2）发起者和接收者线圈的机械形状，以及它们的电感 L_1，L_2，电阻 R_1，R_2，品质因数 Q_1，Q_2；

3）线圈的轴心位置，和彼此轴心之间的关系；

4）任何时刻集成电路的负载，接收者（处于卡模拟模式或者其他）的消耗。而这取决于下面参数：

① 名义上的负载；

② IC 卡内的消耗（内存卡等）；

③ 通信比特率（106kbit/s、212kbit/s、424kbit/s 等）；

④ 取决于应用程序的动态负载。

负载的变化主要依赖于比特率的变化，以及应用程序活动的内容。比如说，比特率在程序的初始化阶段变化非常轻微（106kbit/s），但是在支付过程的加密步骤变化很大：

① 瞬时加密单元的消耗；

② 通信比特率的动态变化；

③ 设备中 NFC 部分的活动；

④ 为了形成下行链路的负载消耗的动态变化：负载调制/逆向调制。这是一种特别的负载效应，为逆向通信服务。

⑤ 恒定距离和形状：周围环境（磁场、铜铝等金属、铁氧体、电池、手的影响等），这可能直接影响调谐和磁耦合设置。

⑥ 发起者和接收者的瞬时距离：一方面，发起者和接收者之间的直线距离基本上是不停变化的，随着手持 NFC 设备距离的改变而改变；另一方面，发起者必须能够在不知道驱动接收设备的磁场强度的情况下读取成千上万种接收设备。因此，发起者产生强大的磁场。在接收者距离发起者从远到近的过程中，磁场强度越来越强。通常情况下，为了避免场强度剧烈变化的影响（因为这样会引起电压的变化），在接收者内部，有一个负责管理这种效应和保护电路的组件被称为"并联调节器"（分流电阻），所以阻抗的变化，作为发起者发射的磁场强度的函数（因此也是距离的函数），目的是产生合适的负载效应，并不会对其余部分产生过大影响。这是所有做工精良的芯片卡（塑料制成的）的情况，并且，所有都工作于卡模拟模式。很少有手机在开机前不能确定自己在接下来的时间内无法确定自己需要发射信号或者接收信号。因此，分流电阻经常不存在或者可用性很差。并且，在大多数情况下，都让电池和电子产品担任分流作用，使得磁场超负荷。

图 8.3 所示为以上提到的负载效应的要点。

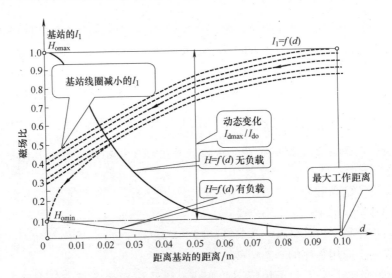

图 8.3　"负载效应"的主要参数

（彩色版见 www. iste. co. uk/paret/antenna. zip）

注意：考虑到耦合和负载效应，有时发起者与接收者处于一定距离的时候，系统可以正常工作。但当接收者贴近发起者时，系统无法正常工作。

接下来我们将依次对大部分要点进行解读。

8.4.3 工作距离的变化以及因此产生的耦合情况的变化

在高频段的 13.56MHz，应用的操作原则是距离较近，这样，操作的全程就可以通过一个 NFC 设备的天线（发起者或者是接收者）与另一个 NFC 设备的天线（同样的，发起者或者是接收者）耦合来完成。不管设备工作中是处于读卡器，写卡器，卡模拟或是点对点模式。

由于 NFC 设备的不同（PC、标签、手机等）和工作方式的不同，耦合需要的值在功能上不同于传统的 ID1 格式芯片卡和基站之间的标准非接触式应用。实际上，非接触式芯片卡的即时电磁环境是很"轻"的（天线和几个尖顶夹塑料套管）。而一个 NFC 设备，比如说，一台手机，是完全不同的。其环境（金属套管、电池、数不清的集成电路，屏幕等）在磁耦合的衰减中扮演着重要角色。

8.4.4 磁耦合及其后果

1. 天线的形状因子

NFC 的一个主要问题是对 NFC 设备的定义。发起者和接收者，它们的外观、大小、机械形状简单来说可以叫做形状因子。当然这其中也包括天线的形状和磁耦合情况。因此，形状因子的概念涵盖了以下的领域：

1）在应用领域中（手机、电子消费品等）；

2）对于在同种应用领域中的不同应用（比如说不同形状的手机：滑盖机、翻盖机等）。

2. 天线的近场环境和形状因子

在形状因子这个名字被提出之后（这个词通常被 NFC 设备的机械设计所决定。）为了通过可信度测试，我们还需要估计和验证 NFC 设备在工作环境中的表现。当然，应用环境在应用过程中也有可能变化（例如，当用户打开翻盖手机的盖子，用它来输入一个密码来"刷卡确认"）我们可以以简单的翻盖手机为例。无论手机天线的位置在哪里（在翻盖里、手机机身内还是在电池旁边）我们都要确定天线在翻盖的任何位置都可以起作用（不管盖子是开着还是合着）。

环境影响

环境影响是各种参数的函数——磁性的、金属性的、电磁的等。当评定这些因素对于特定应用的影响时，我们需要依据环境对他们进行建模，模拟并且测量来确保在应用程序和它们所有的衍生品在各个阶段的使用。

8.4.5 发起者的要求：对接收者远程供电的电源的负载效应

当 NFC 发起者设备的天线与接收者（或未来的发起者）相连接之后，由于耦合效应，接收者会产生负载效应。由于发起者和接收者电磁特性和机械特性的不同，这种影响可能会很大程度地改变（事实上基本上都会是减少）发起者电路中初始（零负载）电流的值，并随之减弱发起者产生的磁场的值（见本章最开始的部分）。有时这种磁场强度可能不足以支撑给接收者的远程供电。这种情况主要发生在发起者和接收者之间的耦合系数过强的情况下，导致的后果是发起者无法给接收者供电。

8.4.6　发射磁场的质量

接下来一部分我们分析这些效应及其影响，以及 NFC 的应用型框架 IP1、IP2 的案例研究。基于这些应用型框架，NFC 发起者（同时也遵守 ISO 标准）可以在零负载情况下对接收设备（通常处于无电池的卡模拟模式）产生最小值为 1.5A/m 的磁场。随着接收设备吸收能量，磁场值会大大减小，而这会对通信造成一定的阻碍。

1. 负载效应的详细研究

为了仔细研究负载效应所造成的后果，有必要了解当接收者存在时，NFC 发起者天线中的电流，还有与两者距离相关的传输阶段。因为发起者产生的磁场与其中的电流有直接相关。

正如我们之前看到的，发起者和接收者之间的耦合模型（如图 8.4 所示）可以被用来计算"发起者的零负载电流与发起者的非零负载电流之比"。

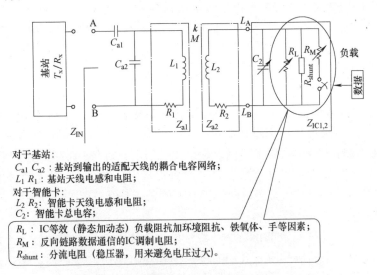

对于基站：
C_{a1} C_{a2}：基站到输出的适配天线的耦合电容网络；
L_1 R_1：基站天线电感和电阻；
对于智能卡：
L_2 R_2：智能卡天线电感和电阻；
C_2：智能卡总电容；

R_L：IC等效（静态加动态）负载阻抗加环境阻抗、铁氧体、手等因素；
R_M：反向链路数据通信的IC调制电阻；
R_{shunt}：分流电阻（稳压器，用来避免电压过大）。

图 8.4　发送者和接收者之间的耦合模拟模型

此外，我们在本章结束时将会看到，另一个办法是对接收者中分流电阻阻抗值的变化情况做出优化。这样可以影响接收到的磁场（和操作距离），使负载效应最小化。

2. 发起者的零负载电流/非零负载电流之比

图 8.4 中的等效电路图详细绘出了大多数系统组件。

在发起者电路中：

C_{a1}，C_{a2}：电容阻抗匹配电路；

L_1，R_1：发起者的电感和电阻；

在接收者电路中：

L_2，R_2：接收者的电感和电阻；

C_2：NFC 接收者的总电容（输入电容的等效值 + 天线的寄生电容 + 集成电路的封装电容）；

R_L：负载的等效总电阻（集成电路电阻 + 环境等效电阻）另外，电阻也取决于集成电路的工作模式；

R_M：为了逆向传输而进行的负载调制的电阻；

R_{shunt}：我们希望优化的分流电阻，用来预防接收者电路过载；

R_{target} 或 R_{tag}：$R_L // R_M // R_{shunt}$ 的等效电阻；

M：天线间的互感。

由以下公式得：

$$M = k\sqrt{L_1 L_2}$$

$$k = \mu \frac{r^2}{2(r^2 + d^2)^{3/2}} n_1 n_2 s_2 \frac{1}{\sqrt{L_1 L_2}}$$

式中，$\mu = \mu\_0\, \mu\_r = 4\pi 10^{-7} \mu\_r$：磁导率；$r$ 为发起者的半径；N_1 为发起者的匝数；N_2 为接收者的匝数；S_2 为天线表面尖顶的表面积；d 为两天线之间距离。

利用本章开头处提出的公式，这个电路图让我们可以计算天线的零负载电流和非零负载电流之比。图 8.5 所示为各个参数的重要应用。

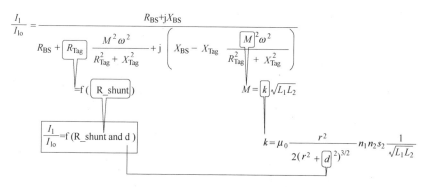

图 8.5　参数影响起动器天线中无负载循环的电流之间的比例

3. 生成磁场的结果

负载效应引起了发起者中电流 I_1 的减少。然而发起者产生的磁场与该电流成正比，如果电流降低过多，磁场有可能降低至 NFC 标准 IP1 规定的最小值 1.5A/m 以下，正如图 8.6 所示：

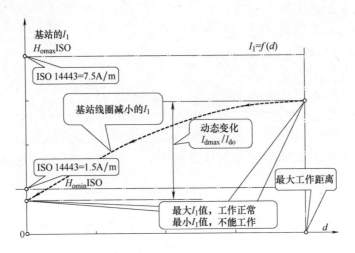

图8.6　解决方案没有分流，最终值不足

（彩色版见 www. iste. co. uk/paret/antenna. zip）

但我们并不希望发起者中电流过大。在无负载时（负载距离很远），有可能发起者会产生过强的磁场（大于 7.5A/m），如图 8.7 所示。

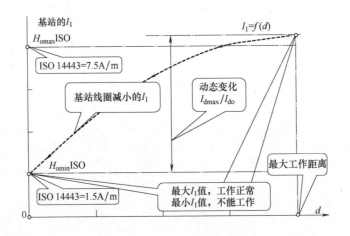

图8.7　解决方案没有分流，具有太高的初始值

（彩色版见 www. iste. co. uk/paret/antenna. zip）

我们接下来可以看到，解决方案是用一个分流器在标准允许的范围内把场返回来（1.5(min) ~ 7.5(max)A/m，如图 8.8 所示）。

最后，我们需要做的是优化分流电阻的变化规律来使得由于发起者和接收者

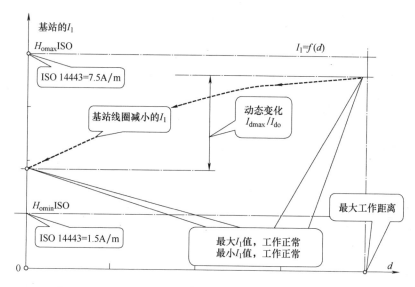

图 8.8 具有符合 ISO 标准的初始和最终值分流的解决方案

之间距离的变化所造成的磁场的改变最小，如图 8.9 所示。

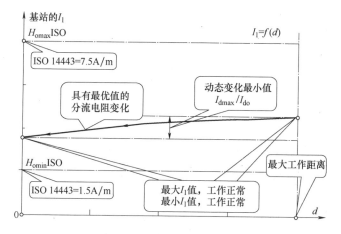

图 8.9 解决方案，其中初始和
最终场值优化并符合 ISO 标准

我们寻找优化分流电阻的方法，以使磁场的最大和最小值符合标准规定。

4. 发起者天线型号

以下是由 AFIMB（French agency for multimodal information and smart- ticketing，法国多模态信息与智能票务机构）所提供的文档中的图片，由文档作者 Jean- Paul Caruana（GemAlto）提供。

（1）大规格天线的边缘效应

当使用的发起者天线的规格较大时（如等效直径为 10 ~ 15cm 时），为保证其磁场中心强度达到 1.5A/m，在天线边缘 0cm 处其场强必须达到 0.5～1A/M。如图 8.10 所示，在所有的螺旋线上场强都大于中心场强（当距一个 14cm 规格天线的 5cm 处场强为 1.5A/M 时，在螺旋线上的磁场强度很轻易的可达到中心场强的 2 倍）

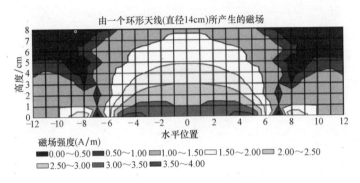

图8.10 大天线的情况：边缘效应

（2）小规格天线的负载效应

当发起者天线是小规格时，（如直径小于 10cm）会与接收端产生强耦合，所以必须在天线的表面产生一个大于规范规定的（如 ISO 14443）最小场强的磁场。由于接收端的存在，发起者必须能够经受负载效应的考验。通常，负载效应的最小值为 0.3A/M 左右。举例说明，如果发起者天线横截面积小于 ID1 卡面积的 2 倍，在正常工作状态下，其必须产生一个 1.8A/M 的场强而不是 1.5A/M。图 8.11 所示为一个直径为 6.5cm 的例子。

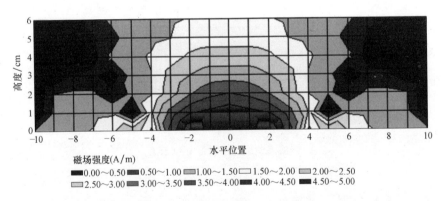

图8.11 小天线的情况：负载效应

显然，减小发起者天线的尺寸是正确的选择。因为如果标签的 S_2 值保值不变，则 R 值减小，K 值增加负载效应更加明显。

（3）结论

事实上在目前状况下，以上改进不足以支撑实际使用。由于 S_2 很小，必须大大减小发起者天线尺寸以达到一个可行的解决方案。但通常新天线的尺寸会和人体工程学的要求不匹配。

5. 极其重要的结论

当开发 NFC 产品时，我们需注意不要混淆标准"芯片卡"和处于卡模拟模式下的 NFC 设备（手机、电子钱包等）其形状因素都会对磁场产生好的或不好的影响。

结论：

首先，发起者的天线必须足够大以抵消接收器的耦合效应。特别是在两者距离近时。

其次，发起者的零负载磁场必须足够强以避免在任何情况下使发起者和接收者产生强耦合。

最后，应对接收者分流阻抗和发起者负载效应引入智能管理。

具体例子：

为了直观阐述以上的例子，图 8.12 给出了对于一些实际商用设备的测试结果（隐去具体名称）并给出需处理的问题的演示：

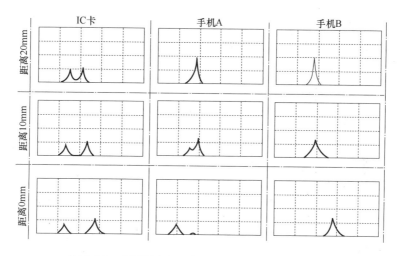

图 8.12　在不同商业设备上进行的实际测量的示例

8.4.7　耦合系数和负载效应的例子

现在，我们来看一类天线有意设计尺寸较小的发起者的例子（NFC 设备如移动读卡器、手机、移动银行终端等），其天线符合 ISO 5 类标准要求。

长度：$a = 40\text{mm}$

宽度：$b = 20\text{mm}$

轨迹宽度：$l_1 = 1\text{mm}$

匝数：$N_1 = 1$ 计算后 $L_1 = 664.5 \mathrm{NH}$

以下是对同一发起者对两个不同类型接收者的具体应用的例子：

1. 接收器是符合 ID1 格式的 ISO 卡

长度：$a = 72 \mathrm{mm}$

宽度：$b = 42 \mathrm{mm}$

轨迹宽度：$l_1 = 0.15 \mathrm{mm}$

匝数：$N_2 = 4$ 计算后 $L_2 = 3.17 \mu H$

现在我们已知 L_1 与 L_2 的电感值和各自天线的匝数，并且假设天线是同轴的，我们就可以利用之前已出现过的公式计算天线的耦合系数。

$$k = \mu \frac{r^2}{2(r^2 + d^2)^{3/2}} n_1 n_2 s_2 \frac{1}{\sqrt{L_1 L_2}}$$

当接收者被放在接收者的正中，即 $d = 0$，此时耦合系数达到最大，等于：

$$k\_0 = 0.16 = 16\%$$

发起者 $Q_1 = 15$（包括了电源阻抗的值），如图 8.13 所示。

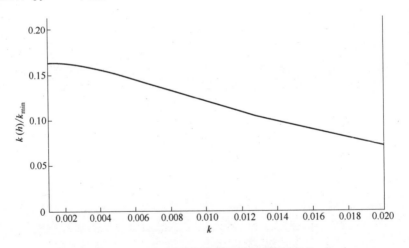

图 8.13　作为距离的函数的耦合系数的变化

此时零负载电流和非零负载电流之比 $I/I_0 = 0.44 = 44\%$。

因此，发起者中的初始电流在连接负载以后，减少了大约 56%。这就意味着为了让连接了负载的天线能发送最小值为 $1.5 \mathrm{A/m}$ 的磁场（根据标准）。在零负载情况下（操作距离内没有接收者），发起者必须发射强度为 $3.4 \mathrm{A/m}$ 的磁场。

由于最后所得磁场值小于最大允许值 $7.5 \mathrm{A/m}$，因此读卡器依然遵守 ISO 14443-2 和 ISO 10 373-6 标准。

2. 接收设备为 ISO 卡片一半大小

在发起者设备相同时，由于天线尺寸变小，我们现在将接收设备的天线也缩小（一半），重复以上参数计算。

长度：$a = 70\text{mm}$

宽度：$b = 22\text{mm}$

轨迹宽度：$l_1 = 0.15\text{mm}$

匝数：$N_2 = 4$ 计算后 $L_2 = 2.32\mu\text{H}$

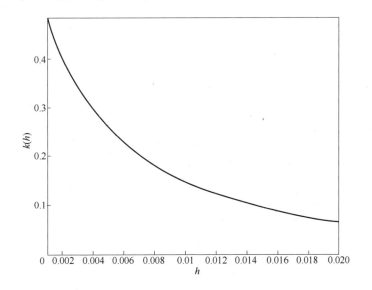

图 8.14 作为距离的函数的耦合系数的变化

当接收者被放在接收者的正中，即 $d = 0$，此时耦合系数达到最大，等于：

$$k\_0 = 0.5 = 50\%$$

发起者 $Q_1 = 15$（包括了电源阻抗的值）

此时零负载电流和非零负载电流之比 $I/I_0 = 0.052 = 5.2\%$。

因此，发起者中的初始电流在连接负载以后，减少了大约 94%。这就意味着为了让连接了负载的天线能发送最小值为 1.5A/m 的磁场（根据标准）。为了能够给符合 ISO 标准的接收者远程供电，在零负载情况下（操作距离内没有接收者），发起者必须发射强度为 29A/m 的磁场。由于这个值远大于最大允许值7.5A/m，我们可以说，在这种情况下制造符合 ISO 14443-2 或者 ISO10373-6 标准和ISO 18092 标准，可以给接收者远程供电发起者是不可能的。

3. 更多信息

根据以上内容，图 8.15 所示为市面上三种主要 NFC 解决方案的耦合系数 k 的对比。

1）大规格发起者（ISO 测试工具的规格），与传统 ID1 ISO 格式的接收者（三

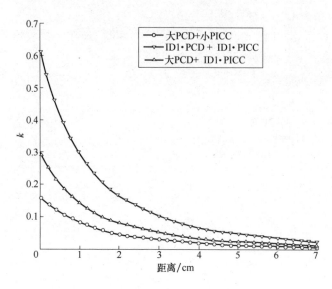

图 8. 15　作为距离的函数的耦合系数的变化的比较

(彩色版本见 www. iste. co. uk／paret／antenna. zip)

角形标记的曲线）$k\_0 = 0.3$。

典型例子：公共交通验票机和非接触式卡片（如用于纽约的道路交通系统的 SmartLink 系统）。

2）大型发起者（与 ISO 测试矩阵相同规格）和小型接收者，接收者的规格是 ISO ID1 格式的一半。发起者相同时，当接收者变小，耦合就减弱了（曲线用圆圈作为标记）。此时的 $k\_0 = 0.16$。

典型例子：公共交通验票机和 NFC USB 式卡片（如用于巴黎的 RATP 系统）。

3）发起者与接收者都是 ID1 格式。由于两个天线大小相当，耦合会好一些。（用反三角作为标记的曲线）$k\_0 = 0.6$。

典型例子：便携式支付读卡器和手机应用（POS 和 mPOS）这类应用在耦合方面有着优良设计，但是对负载效应考虑的少一些（下一部分会提及）。

4. 接近具体案例的应用

让我们给出几个常见应用的数据。让我们回头看上面的第二种接收者（$k\_0 = 0.5$）假设负载为零，发起者产生的磁场为

第一，$0 \sim 5cm$ 内磁场是理想均等的（通常理想形式不会被发射）；

第二，设定场强为 2.5A/m（设计者认为自己已经看清了总体，并根据 NFC 设备的总体消耗调整过数据）；

第三，接收者的品质因数 Q_2 不因距离的改变而改变（通常在现实世界中不是这样的，倘若接收者中的分流电阻设计良好的话，可能会）。

表 8.1　当 H 恒定时，接收者的 Q_2 也恒定（不分流）

d	Q_1	Q_2	耦合			电流		H_0	K_t
						有负载			
			k	n	名称	$I_1 I_{1o}$	衰减	中心值	
(cm)			$\dfrac{k}{\sqrt{Q_1 Q_2}}$			$1/(1+n^2)$	in%	(A/m)	$n/(1+n^2)$
5	—	—	0.000	—	—	1	0	2.5	—
3.2	15	15	0.03	0.45	弱	0.85	15	2.12	0.4
1.4	15	15	0.1	1.5	关键	0.33	67	0.82	0.47
0	15	15	0.5	7.5	非常紧密	0.1	90	0.25	0.75

仍然使用相同的假说（这个假说并不能完美反映现实世界）。当接收者的品质因数 Q_2 随距离的增加而改变（在接受天线电路中已存在分流电阻的情况下），就有了可以提高的余地。

表 8.2　当 H 是恒定的和变化的时候，接收者的 Q_2（分流）

d	Q_1	Q_2	耦合			电流		H_0	K_t
						有负载			
			k	n	名称	$I_1 I_{1o}$	衰减	中心值	
(cm)			$\dfrac{k}{\sqrt{Q_1 Q_2}}$			$1/(1+n^2)$	in%	(A/m)	$n/(1+n^2)$
5	—	—	0.000	—	—	1	0	2.5	—
3.2	15	15	0.03	0.45	弱	0.85	15	2.12	0.4
1.4	15	2	0.1	0.55	弱	0.65	45	1.62	
0	15	0.1	0.5	0.61	关键	0.35	65	0.87	

考虑给定的发起者，其零负载磁场值处于 H_0 和 H_5cm 之间，远远大于标准规定的最小值（2.5A/m—1.5A/m）。以及特定接收者，形状因子给定，其最小活跃磁场值为 1.5A/m，符合 ISO 标准。我们期望能工作在表中的绿色区域，在该区域发起者试图产生中心值远远大于标准规定的最小值的磁场，在不考虑负载效应的情况下。在表中的红色区域，接收者无法工作。尽管普遍认为两个天线已经距离足够近，2.5A/m 磁场值也符合规范。这个想法是错误的。因为这个表只列出了低于 1A/m 的值，低至 0.25A/m。

5. 更多具体案例的应用

为了尽可能地贴合实际并提供一些更加具体的例子，让我们带上分流器（shunt regulator）（见下）重新审视上面的例子，并依然假设在空负载的情况，由发起者天线产生的场 H_0 被设计者设为 2.5A/m（设计者认为他已经照顾了全局并且调整了他的 NFC 设备的全部工作能耗），但是：

1）首先，磁场 H_d 没有归一化，并且根据毕奥-萨伐尔定律，磁场强度会根据函数随着距离增大衰减。

2）此外，品质因数 Q_2 也会随着距离的增大而降低。

回到我们的表格，我们可以填好表格 8.3

表8.3 随着接收者的 H 和变量 Q_2 的减少（带分流）

	无负载						有负载				
d	H_d	Q_1	Q_2	发起者和接收者之间的耦合			发起者电流中的天线		中心处 H_0 值	d 处 H_d 值	K_t
				k 因数	n	名称	I_1/I_{1o}				
cm	A/m			$k\sqrt{Q_1 Q_2}$	n	名称	$1/(1+n^2)$	in%	A/m	A/m	$n/(1+n^2)$
5	1.5	15	15	0.000	—	—	1	0	2.5	1.5	—
3.2	1.75	15	15	0.03	0.45	弱	0.85	15	2.125	1.487	0.4
1.4	2	15	2	0.1	0.55	弱	0.65	45	1.625	1.3	
0	2.5	15	0.1	0.5	0.61	关键	0.35	65	0.87	0.87	

这意味着接收者在 3.2cm 外就会因为磁场太弱无法运行。

总结一下，在这个例子中：

1）尽管零负载时 $H\_0 = 2.5$A/m，接收者可以在较远的距离运行，但不能在近处运行。

2）我们需要零负载磁场 $H\_0 \approx 5$A/m 才能使其可以在 d_0 处运行。

3）最好在 H_0 产生一个强大的磁场，高于标准一定程度并且将接收者放置在一定距离之外，因为这样一来能够减小负载效应。这也是 EMV 提供的建议。

8.4.8 NFC 中的分流电路

本节中我们会将好的接收者、标签等从一般的接收者、标签当中分离出来。

典型地，一个 NFC 接收者应该（也仅仅是应该）拥有一个部分用于内部（并行）"分流"，其作用是在接收者上突然接收到的电压或能量去除或调节成为一个关于距离的函数（远处 = 弱信号，近处 = 强信号），如图 8.16 所示。

也就是说，我们无法确定距离将如何影响分流电路的的阻抗以及品质因数 Q_2。如果变化得太慢，并联不会产生任何补偿负载效应的效果；另一方面，如果变化得太迅速或者太多，并联会加剧负载效应并干扰操作。因此，分流阻抗的变化规律需要特别对待，并针对特定的设备谨慎地进行计算。在作者的另一本著作《RFID at Ultra and Super High Freqeucies: Theory and Application》

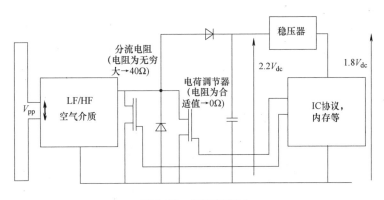

图 8.16　分流电路图

（Wiley 出版公司）中，对这些计算有较为详细的阐述。其主要结果在下面做简要复述。

1. $R\_sh\,(d)$ 的计算

R_sh 随着距离的变化规律 $f\,(d)$ 如下所示（见参考文献 [PAR 12]）：

$$R\_sh(d) = \frac{(B \times L_2\omega \times R\_ic)}{\left[\dfrac{(K_{te}^2 Q_1 R\_ic)}{(r^2 + d^2)^3} - (B \times L_2\omega)\right]} = f(d)$$

这个变化规律并不很方便使用，一般来说使用的程度仅仅在于用来确定哪个参数会决定反负载效应（anti-loading effect）的质量。因此，为了正确使用公式，标签需要测量场 H 的模拟值（analog value）作为一个关于距离的函数，将模拟值转换成数字值然后通过给定适当的分流电阻 R_shunt 值来获得一个最佳值以得到最小负载效应，如图 8.17 所示。

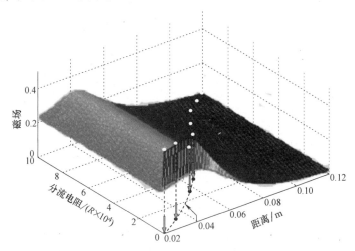

图 8.17　R_shunt 的变化规律产生最小的负载效应

2. R_sh (d) 变化的举例

下面是一个具体的例子。

我们希望对于"I_1，有负载"可以在无论工作距离多远的情况一直保证有最小 1.5A/m 的磁场强度，并且 I_1/I_{1o} 的比值在不同距离下不会比"零负载 I_{1o} 值"有 90% 以上的变化。因而空载时的磁场强度必须为 1.66A/m 以上，和 ISO 14443 相符。

因此，

$$I_1/I_{1o} = A$$

$$A = 1/(1 + n^2) = 0.9$$

得到

$$n^2 = (1 - A)/A = B = 0.111$$

即

$$n = 0.33$$

整个系统的设想如下（注意这些值并不是随机选取的）：

发起者   接收者

$L_1 = 500\text{nH}$ $L_2 = 4\mu\text{H}$

$N_1 = 4$ $N_2 = 4$

$Q_1 = 15$ $s_2 = 40\text{cm}^2$

$r = 4\text{cm}$ $R\_ic = 10\text{k}\Omega$

使用以上公式，我们可以计算出并联阻抗和距离函数的一些所需值，见表 8.4。

读者在设计 NFC 系统的时候，上面的参数是不是牢记在心？你是不是在接收者放到发起者天线的时候曾经碰到过负载效应引起的问题？即使两者接触，是不是系统也只有 50% 的时间能够运行？是不是？现在你全都知道了。你现在已经得到所有需要的工具了。

表 8.4 分流电阻值的计算示例

	参数	数值					单位
假设	$I_1/I_{1o} = A$	0.9					%
	$B = n^2$	0.11					
	n	0.33					%
常量	μ	1.256×10^{-6}					
	ω	85156800					rad/s
距离	d	18	15	10	5	0	mm
计算值	r^2	0.0016					m^2
	K_{te}	4.5472×10^{-5}					

（续）

参数	数值				单位
K_{te}^2	2.0677×10^{-9}				
$K_{te}^2 Q_1 R\_ic$	3.10×10^{-4}				
$BL_2\omega$	37.85				
$BL_2\omega R\_ic$	378474.67				
$R\_sh(d)$	113164.19	12634.07	2352.87	363.58	5.00	Ω

3. 关于分流的总结

以上叙述让我们能够在发射设备 – 接收设备设置上定义一个好的或者说健康的区块（SOAR，Safe Operation Area），而不需要提前判断解调的可能性。

4. 解决方案和总结

我们希望读者能够建立起关于负载效应的理论和效果的较为健全的理解。一个 NFC 系统必须面对负载效应，因为需要考虑不同 NFC 设备的不同形状参数。我们在这个领域的漫长的探索中可见，除去不认真阅读规范造成的典型的软件 bug，最困难的操作问题是那些由形状因子、负载效应和连接导致的问题。

表 8.5　在分流的情况下的总结

接收者情况			
离发起者很远	在其活动的理论阈值 $H\_threshold$	在磁场正中	离发起者很近
k 非常小 Q_2 很高 接收者的集成电路并没有处于工作状态	k 较小 Q_2 很高 接收者的集成电路开始工作，但是稳压器没有被激活	k 稍高一点 Q_2： 1）接收器的集成电路开始工作，但是稳压器还没有开始工作：Q_2 是常量 2）接收者的集成电路开始工作，稳压器也开始工作：Q_2 开始减小	k 开始增加，变得不可忽视 1）Q_2：接收器的集成电路开始工作，但是稳压器还没有开始工作（或者不存在）：Q_2 是常量 2）接收者的集成电路开始工作，稳压器也开始工作：Q_2 开始急剧减小，接近 0
负载的影响微乎其微，发起者并没有受影响	由于 k 很小，尽管 Q 很高，两者乘积 kQ 很低，负载的影响微乎其微	kQ_2： 1）由于 k 的增长，Q 保持不变，乘积增长，负载开始产生影响 2）保持不变（k 增加，Q 减少）负载的影响微乎其微	kQ_2： 1）由于 k 的飞速增长，Q 单调不减，乘积飞速增长，负载影响很强 2）保持不变（k 增加，Q 急剧减少）负载的影响微乎其微

8.5　如何进行一个 NFC 项目

表 8.6　如何处理 NFC 项目

	接收者	工效	发起者		
			天线	集成电路	
1 ↓	选择接收者可用的天线名单				
	接收者所用的集成电路				
	集成电路的阈值电压 $V\_threshold$				
	接收者天线的线圈匝数和等效表面积				
	计算接收者天线的磁场阈值 $H\_threshold$				
	所需工作距离				
	所需的 $H\_0\_base\_station = NI/2\ r\_equi\_bs$				
2 ↓		发起者天线最大数目			
		由 S_ant_bs 给出 r_equi_max			
3 ↓			H_0 处 NI 值		
			N 和 I 的配置选择		
			由 N 和 r_equi_max 可得出 L 的可用值		
			由 L 和 Q 计算出 R_S 需满足的值 →	EMC 匹配电路和 T 电路滤波器的计算	5 ↑
			在 $I1s\_fp\_max$ 给定的情况下的 Rs, R_int		
				所需 Q_appl	
				P_max	4 ↑
				R_int	
				V_out_pp	
				发起者所使用的集成电路类型	

总结

在本书中，我们无数次提到了"近"场、"远"场以及一般理解上的"近场通信（NFC）"，例如物理意义上的近场通信，和系统所使用的工作频率的值相独立。在这个总结中我们将会看到，这是有充分的原因的。

实际上，在 NFC 领域中，有太多的人（用户、记者、演讲人等）有意或无意地认为移动通信、非接触芯片卡仿真或者置换的系统都工作在 13.56MHz。或者，他们通过限制词"NFC"的范畴，创造了一个可以为他们自己的目的服务的混合体。然而，NFC 仍存在很多其他的产业视角。

因而，如果读者希望摘掉对于"用于移动通信的高频 NFC"的有色眼镜，这里有一些有用的建议。

NFC 和近似 NFC 在技术和工艺上的未来

极高的比特率

ISO 14443 非接触芯片卡标准的第二部分，在其 2015 版本中，明确规定了一个 106kbit/s 的最基本/初始的比特率，以及高达 848kbit/s 的高比特率（HBR），此外也支持两个版本的超高比特率（VHBR），可将通信扩展到 27Mbit/s。NFCIP1 和 IP2 的规格限定在 106bit/s、212bit/s、424kbit/s。如果 NFC 的 ISO 标准会追随非接触芯片卡标准的更改，那么 NFC 的比特率也会变化，天线的带宽和品质因数也会随之改变。

动态负载调制（Active Load Modulation，ALM）

在本书中，我们经常提到动态负载调制（ALM）。实际上，2015 年，在电池辅助应用（包括智能手机、手表、手环、可穿戴设备等）上，从接收者到发起者的调制方式上以往使用的被动负载调制（PLM）正在逐渐被 ALM 所取代。在这些特定的应用场景下，ALM 的崛起有以下两个原因：首先，为了减轻 NFC 设备上严重的负载效应影响（设备外套、电池等）；其次，是为了减少天线的维度（micro-SD 卡、micro-SIM 卡、手环等）和相关的配对值（coupling value）。

减小 H_min 和低功率 PCD

在过去几年中，一些评论指出，很多非接触芯片卡（塑料制）比广为人知的磁场密度阈值 $H\_min = 1.5A/m$ 更为灵敏。此外，手机和其他的 NFC 发起者由于电池寿命的原因，希望减少功耗。它们很难达到 $H\_min = 1.5A/m$。因此，业界与标准机构有很大的压力（特别是对于 ISO）希望将传输场的强度降至约 0.8A/m。

这都是建立在乐观估计上，但是尽管有这些需求，在考虑到和已在用的大量完全遵循 ISO 14443 的芯片卡/接收者的互用性时，几乎不可能完成降低场强工作。

图1　使用 ALM 的域的例子

设想中关于发起者的一种解决方法是先测试其在 1.5A/m 的场中对于接收者的反馈，然后和接收者交换若干次数据并降低每一次的场强，测试能否通信，从而达到节能的目的。

这方面的讨论即将在 ISO 上进行。最大的问题是如何解决和已有设备的互用性。

HF 频段下的 NFC 和 RFID

RFID 从定义来讲，包括对物体的追踪能力。很多年以来，在 13.56MHz 的高频下，所有东西都被谨慎地制造着：

——标准 ISO 18000-3 mode 1，此标准把重点放在邻近非接触芯片卡标准 ISO 15693 上，经常被用于"物品管理"。当物品在辐射范围内时就显示出来，所以会有相对短的读取距离（50~70cm）。这个标准所使用的冲突管理（collision management）原则的性能较 ISO 15693 所用的好很多。

——标准 ISO 18000-3 mode 3，这是上面标准的一个分支，其目的是建立一个使用 13.56MHz 的 HF 系统，并可以支持 EPCGlobal 数据编码，这个数据编码方式也被 ISO 18000-6C 使用在超高频。

——要记住 NFC IP2 标准是支持 ISO 15693 的。因此，如果想让一个 NFC IP2 设备（平板电脑、手机等）能够通过 ISO 18000-3 mod 3 读取 EPCGlobal 标签并不需要花费太多的功夫。此外，NFCForum，包括半导体制造商（ST 和 NXP），正致力于 NFCForumTag 5 或 "V"，代表邻近（vicinity），遵循 ISO 15693。

以上就是目前 NFC 和 RFID 在 HF 下的情况。

未来

然而，在我们的星球上，除了工作在非接触模式的非接触芯片卡和手机的支持者外还有很多其他人。也有些人制造电子标记和标签，每年有数十亿的产量，而并不一定工作在 13.56MHz。

NFC、RFID 在 HF 和 UHF 频段下

那么为什么我们需要给同一个物体打上 UHF 标签和 HF 两个标签，前者用于在制造和运输时进行中/长距离（远场——若干米）追踪，另一个工作在 HF（13.56MHz）在显示设备上进行近距离（近场）追踪？如果我们能够在很远的地方就利用 UHF 进行识别然后调整一下使得近距离也可用使用 UHF 进行读取，就可以节省一个标签。在这种情况下，我们仅仅需要给消费者一个便携的读取器/询问器使用 UHF 读取标签，他们便能够从屏幕上获知产品是否是赝品、出产地、以及其是否是次品（#ethically manufactured）等信息。

我们现在回到了一个便携设备，例如手机，其需要使用 UHF 在一个较短的距离的"近场"或"介质场（intermediary field）"内进行通信。从这里到"UHF 下的 NFC 或近似 NFC"仅差一步，而这一步一些远东朋友已经在一段时间之前迈过了。

RFID、UHF 和近场通信

自 2007 年，一个来自电子电信研究学院（ETRI）的韩国团队一直关注着这个问题，并已经取得几个进展：

——在市场上，从物品的角度，早晚会有很多的 UHF 标签用于供应链管理。

——这些标签主要将要兼容 GS1 和 EPCGlobal 编码，例如 EPCC1 G2——即遵循 ISO 18000-6C。

——没人会希望仅仅为了消费者能用广泛使用的便携式读取器如符合 IP1 或 IP2 标准的带有 13.56MHz 的 NFC 功能的手机而打上第二个使用 13.56MHz 的标签。

——如果我们希望将 UHF 标签中的信息读出，那么手机就必须可以读出一些 ISO 18000-6x 的信息。

——由于我们仅是想在短距离（8～15cm）下读取这些信息而不希望在数据交换时额外耗能从而影响到手机的电池寿命，相较于 HF，UHF 会更好地达到目的（数 mW 的功率在 UHF 传输任务中就足够得到 10～30cm 的通信距离），且只要可能，我们就必须使用手机的既有天线。

——所以，这导致我们使用 UHF RFID 在独立"可移动"设备（可以是手机或其他某种产品）的近场通信上，所以我们可以在分类上将他们分为 NFC 产品。这是对的；他们的确做到了他们所宣称的事情。

当然，13.56MHz 的 NFC 会继续沿着自己的路走下去，用于例如非接触芯片卡仿真当中，因为这种芯片卡仍在大量使用（支付、运输、入口控制等），但是"NFC UHF"版本也并非不可能。所以，对于想要跳出"HF NFC"的管状视野的读者而言，接下来的关于"UHF NFC"的部分可以派上用场。

和"可移动 RFID"相关的标准

一个使用位于 UHF（860~960MHz）的传统 RFID 频带的标准已经被制定，和可移动物体识别和管理（Mobile Item Identification and Management，MIIM）相关：ISO 29143 标准——信息技术、自动识别和数据获取技术、可移动 RFID 询问器用空中接口——设立了"可移动 RFID"的"UHFNFC"系统的物理层标准。

这个标准给出了用于一般消费者可移动 RFID 询问器系统（如手机、平板电脑等）的空中接口通信标准的规格。这个系统和"被动/后向散射"标签或者电池辅助标签，以及"询问器优先通话（Interrogator Talks First，ITF）"系统一起工作。

而在标准 RFID 中，标签是被询问器的 RF 信号产生的（电）磁场远程供能的，然后通过调制天线的反射因数进行反馈——即"后向散射"返回的数据给询问器。因而标签和标签—询问器通信是完全被动的。由于多个询问器和多个标签可以同时进行通信，标准叙述了如何在标签发出的通信中解决载波冲突和数据冲突。此外，标准也叙述了两个询问器以何种方式互相通信。

HF 和 UHF NFC 的相同点

在应用层面上，我们很难去想象：

——首先，终端用户会有两个不同的"便携设备"：一个用于运输和贮存应用场景，另一个用于读取产品标签（以找到他们的来源、用法说明、保险等）；

——其次，有两个完全不同的架构实现 HF 和 UHF 下的 NFC。

归根到底，这令我们需要直接检验 NFC 解决方案的相同点，使其能够同时工作在 HF 和 UHF 下。显然，如上所述，在一个 NFC "便携设备"上部署两个 NFC 实体是有好处的：一个用于 13.56MHz 的 HF NFC，第二个用于 900MHz 的 UHFNFC。显然，使用到两个功能的独立系统多少使得生产流程变得更加复杂，昂贵，同时也过多地消耗了一点功耗。另一方面，将两者集成是完全可行的。

HF 和 UHF 的通用接收

让我们首先了解一下由于为了将 HF 和 UHF 的 NFC 解决方案集成在一个普通的 RF 上导致的工艺和技术问题，以及这些问题可能的解决方案。

关于接收和解调链

多频带信号（HF 到 UHF——10~1000MHz）的接收和解调链可以使用软件无线电 SDR 架构来解码和翻译如下标准：NFC IP1 和 IP2 标准、工作在 13.56MHz 的 ISO 18000-3 标准 mod 1 和 mod 3、兼容 EPCC1 G2 和 ISO 29143 的 ISO 18000-6C 标准：UHF 频段移动 RFID。此外，传统 CMOS 技术已被大规模应用在 HF 和 UHF 频段的 RF 前端板上（放大器、混合器、前端接口 FI、零前端接口 zero FI 等）。

要解决的问题主要是在可接受的价格内设计一个 HF/UHF 的单一前端板。

在 SDR 部分，所有处理都会在数字形式下进行，并且主要以软件方式实现。

关于天线

当然，若要对本书做总结，我们必须回到天线上来。

我们必须要做的最后一件事是创造一个能同时在 HF 和 UHF 频段下的近场、远场工作的 HF/UHF 单天线（增益、阻抗匹配、辐射图等）。

一个实际的单天线例子见图 2。

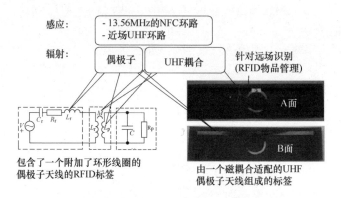

图 2 HF 和 UHF 单声道天线的例子

（彩色版见 www. iste. co. uk/paret/antenna. zip）

实际上，可以将一个 HF/UHF 单片机连接到一个灵敏偶极子天线（在 UHF 频段的远场辐射面）和一个线圈（在 HF 和 UHF 频段的近场磁感应面）作为天线。另外还有很多世界上不同地区的天线设计师提议的各式各样的设计方案，读者如果想了解更详细的信息可以参考他们的文章（见参考文献）。

以这些为基础，我们可以把一个单密码运算单元（cryptographic mono- unit）（使用硅制作，便宜并且一般来说较小——例如 AES 128 或类似算法）应用到 HF 和 UHF 频段的 T2 NFC 标签上，可以参考第 6 章关于防伪的标签应用。

很多难以置信的技术成果不断地涌现出来，在这个日新月异的领域中，需谨记我们必须秉承一个原则：即使你自己不去做一些事情，总会有其他人去做。因而无论如何，解决方案总有一天会浮出水面。

我们可以畅想一下，在未来的几年内，完全有可能出现使用单芯片、单天线和单密码运算单元的 HF/UHF NFC 设备，而且可能会被应用在物联网方面。

也许，这会是我下一本书的主题。谁知道呢？

参 考 文 献

Glossary
ISO 19 762-3 – standardized vocabulary – radiofrequency identification (RFID).

Standards – Contactless chip-free cards
ISO 14 443 – 1 to 6 – 2015 edition – Proximity cards.
ISO 15 693 – 1 to 3 – 2015 edition –Vicinity cards.
JIS X6319 – 4 – High speed proximity cards – FeliCa.

Standards – NFC
ECMA 340 & 352.
ISO 18 092 – NCF IP 1.
ISO 21 481 – NFC IP2.

Standards – RFID
ISO 18 000 – 3 – 6C and – 63 – RFID, *Supply Chain Management.*

Standards – RFID Mobiles in UHF
ISO 29 143.

Standards – Contactless Communication for Public Transport
CEN 16 794 – 1 protocol.

Standards – Tests
ISO 10 373 – 6 – edition 2015 – conformity tests for proximity cards.
ISO 22 536 – conformity tests for NFC IP1 RF interface.
ISO 23 917 – conformity tests for NFC IP1 protocol.
CEN 16 794 – 2 conformity tests, public transport, contactless.

Standards – Privacy
Mandate M436 of the European Commission.
CEN EN 16 571 – *Privacy Impact Assessment* (PIA).

Standards – Marking of electrical and electronic equipment
EN 50419.

Proprietary standards
EMVCo L1 – contactless bank cards.
NFC Forum – Analog & Digital.

Regulations
ERC 70 03 – relating to the use of short range devices (SRDs).
ETSI 300 330 – conformity tests for radiofrequencies.
US code of federal regulations (CFR) Title 47, Chapter 1, Part 15, "Radio Frequency Devices".

"Human exposure" recommendations
ICNIRP International Commission on Non Ionizing Radiation Protection.

[COK 12] COSKUN V., OK K., OZDENIZCI B., *Near Field Communication (NFC): From Theory to Practice,* Wiley, New York, 2012.

[PAR 03] PARET D., *Applications en identification radiofréquenceetcartes à puces sans contact,* Dunod, Paris, vol. 1, 2003.

[PAR 05] PARET D., *RFID and Contactless Smart Card Applications,* Wiley, New York, 2005.

[PAR 12] PARET D., *NFC (Near Field Communication). Principes et applications de la communication en champ proche,* Dunod, Paris, 2012.

[LAH 14] LAHEURTE J.M., RIPOLL C., PARET D. *et al., UHF RFID Technologies for Identification and Traceability,* ISTE, London and John Wiley & Sons, New York, 2014.